生土类建筑保护技术与策略

以井冈山刘氏房祠保护与修缮为例

TECHNOLOGY AND STRATEGY OF CONSERVATION OF THE EARTHEN ARCHITECTURE
A Case Study of Liu's Family Ancestral Hall

方小牛　唐雅欣　陈琳　戴仕炳　著
by Fang Xiaoniu, Tang Yaxin, Chen Lin & Dai Shibing

U0334465

同济大学出版社
TONGJI UNIVERSITY PRESS

图书在版编目（CIP）数据

生土类建筑保护技术与策略：以井冈山刘氏房祠保护与修缮为例 / 方小牛等著 . —上海：同济大学出版社，2018.1
ISBN 978-7-5608-7371-8

Ⅰ.①生…　Ⅱ.①方…　Ⅲ.①土－建筑材料－建筑物－修缮加固－井冈山市　Ⅳ.①TU521.3②TU746.3

中国版本图书馆 CIP 数据核字 (2017) 第 220291 号

生土类建筑保护技术与策略——以井冈山刘氏房祠保护与修缮为例

方小牛　唐雅欣　陈　琳　戴仕炳　著

责任编辑　朱笑黎　责任校对　徐春莲　封面设计　张　微

出版发行　同济大学出版社 www.tongjipress.com.cn
　　　　　（地址：上海四平路 1239 号　　邮编：200092　　电话：021－65985622）
经　　销　全国各地新华书店
印　　刷　上海安兴汇东纸业有限公司
开　　本　787mm×960mm　1/16
印　　张　10.5
字　　数　210 000
版　　次　2018 年 1 月第 1 版　　2018 年 1 月第 1 次印刷
书　　号　ISBN 978-7-5608-7371-8
定　　价　78.00 元

序一

建筑遗产的保存与再生是当代建筑学术界的热门话题之一，随着社会对遗产保护意识的增强，越来越丰富多样的建筑遗产进入人们的视野。

井冈山地区由于其特殊的地理和历史条件，留下了相当数量的红色资源，其中许多保存良好的革命旧居旧址等物质性红色资源都属于建筑遗产的范畴。从建造材料和建造技术方面来看，该地区的历史建筑大都是采用版筑夯土技术建造而成的"干打垒"土木结构建筑。因此，这些承载着红色文化特性的建筑遗产同时又具有非常鲜明的地域特征。

建筑遗产的保护是一个跨越人文、社会科学和工程科学的新兴学科领域，具有很强的综合性和应用性。具体到遗产保护与修复的技术层面，融合了包括建筑学、材料学、化学、结构工程学等多种学科在内的理论与实践知识。

井冈山大学和同济大学成立联合课题组，对国家科技支撑计划项目"井冈山区域红色资源保护与利用关键技术研究与示范"（2012BAC11B01）展开研究，选取井冈山刘氏房祠作为示范点，综合运用不同学科的理论认识与实践经验，对刘氏房祠与其墙面上的革命标语进行保护修缮，较为成功地总结出一套适用于井冈山地区生土类红色物质资源原址保护的技术方法。

目前，国家科技支撑计划项目"井冈山区域红色资源保护与利用关键技术研究与示范"已顺利完成项目验收和结项。本书记录了联合课题组在井冈山示范点建设及刘氏房祠保护修缮工程中获得的探索经验与研究成果，书中提出和运用的保护策略与现代科学技术有望推广应用到其他地区这一类型建筑遗产保护工程当中。

是为序。

同济大学常务副校长

2017 年 3 月

序二

井冈山是中国革命的摇篮。90年前，以毛泽东为代表的中国共产党人在这里创建了中国第一个农村革命根据地，点燃了中国革命的"星星之火"，开辟了"农村包围城市，武装夺取政权"的井冈山道路。它是马克思主义中国化的经典之作。在井冈山斗争中孕育的井冈山精神是中国共产党革命精神的重要源头，是具有原创意义的民族精神。

井冈山也是红色资源的宝库，是一座没有围墙的红色博物馆。作为承载和记录井冈山革命的重大事件和重要人物活动的历史遗存，井冈山红色资源蕴涵着井冈山革命先辈的崇高理想和坚定信念，凝聚着中国共产党人丰富的革命精神和高尚的道德情操，体现了井冈山军民同甘共苦、艰苦奋斗的革命历程，具有跨越时空的吸引力、感染力、冲击力和不可替代的教育价值。

井冈山红色资源主要包括物质形态、信息形态、精神形态三大类型。物质形态的红色资源，如革命旧居、旧址、器物、工具等；信息形态的红色资源，如文献、数据、标语、图像、歌谣、歌曲等；精神形态的红色资源，如井冈山精神等。据统计，现井冈山地区保存完好的革命旧址与红色标语遗迹达100多处，其中22处被列为全国重点文物保护单位，9处被列为省级重点文物保护单位，49处被列为市级文明保护单位。这些革命旧址大多为明清时期的民居、书院、商铺、祠堂等，土木结构占多。

作为20世纪20年代的历史遗存，井冈山物质性的红色资源大都历经90年，有的甚至超过百年。在漫长的时间侵蚀和风雨冲刷下，这些红色资源不可避免地出现不少破损残缺和散佚流失的现象。其中特别是一些革命旧居的"干打垒""土坯房"等墙体因风化酥解而歪斜倾塌，书写在室内、外夯土石灰墙皮上的红色标语因载体脱落而残损、褪色乃至消失不见。多年来，中央和地方政府高度重视，采取了多种有效的方法进行保护，取得了很好的成果。但是由于认识、产权、管理及技术的原因，井冈山革命根据地仍然有些物质性红色资源因未得到保护或保护力度不够正面临着即将消失的危险，甚至已呈现出消失的迹象。因此运用现代科学技术进行正确有效的抢救性保护，延续这些物质性红色资源，特别是一些建筑类的历史遗产显得尤为必要。井冈山大学和同济大学共同承担的国家科技支撑计划项目"井冈山区域红色资源保护与利用关键技术研究与示范"（2012BAC11B01）正是为解决这一重要问题的科技项目，具有重要的历史价值和现实意义。

井冈山因其独特的地理和历史方位，革命旧居、旧址大都是采用版筑夯土技术建造而成的"干打垒"等土木结构建筑。这类生土材料的强度较低，稳定性、耐久性、耐水性比较差，容易发生劣化，这为生土类建筑遗产的保护工作带来很大的挑战，也严重限制了此类生土材料在现代建筑中的应用和发展。再加上新材料、新技术高速发展的今天，许多生土类建筑被看作贫穷落后的象征，又因人们不能全面客观地认识到其在材料美学、建造技术、地域文化传达与表现、生态环保等诸多方面的价值，这类建筑往往会遭到更加严重的破坏。其中下七乡的刘氏房祠就是典型的一例。为此，井冈山大学和同济大学联合

课题组在充分论证的基础上，分析生土材料的性能特点、破坏原因和病害机制，通过大量的检测和实验，最终找到适应于井冈山地区环境的"活态"生土类建筑遗产保护和修复的技术手段，并建立了一套从信息采集、现状实录、材料病害检测，到实验分析、修复方案设计、试验性施工，再到正式施工、效果评估及后期维护和监测的完整修复流程，还建立了井冈山区域物质性红色资源保护示范点，对于推动井冈山地区同类红色物质资源保护具有示范及指导作用。

2016年6月，国家"十二五"科技支撑计划项目"井冈山区域红色资源保护与利用关键技术研究与示范"顺利完成项目验收和结项。课题组又在此基础上对研究的整个过程进行归纳、整理，最终著成此书，这对于总结井冈山红色资源的保护和利用必将会产生更加积极的效果。希望在该书的引领和示范下，各区域红色资源技术保护方面的实践和研究能够不断创新，为推动中国特色社会主义的文化事业作出更大贡献。

井冈山革命博物馆馆长

肖邮华

2017年3月

前言

井冈山是中国革命的摇篮，革命旧居、旧址、遗迹、标语等红色物质资源丰富，这些红色物质资源具有重要的历史、艺术、技术及使用价值。该地区的历史建筑遗产作为红色物质资源的重要表现形式之一，以一种特有的方式记录和反映着大量的革命史实。但由于认识、产权、管理及技术等原因，许多优质的红色物质资源因未保护或保护手段落后正面临着消失的危险，甚至已呈现出消失的迹象，亟需找到一种正确有效的抢救性保护手段来延续这些建筑遗产的价值。

井冈山位于湘赣边界，同时受到庐陵文化和赣南客家文化的影响，留下了许多具有突出价值和独特地域文化特征的建筑遗产。该地区大范围存在的采用版筑夯土技术建造而成的"干打垒"土木结构建筑就是典型的一类。然而传统的生土材料强度较低，稳定性、耐久性、耐水性都比较差，很容易发生劣化，这为生土类建筑遗产的保护工作带来了很大的挑战，也严重地限制了此类生土材料在现代建筑中的应用和发展。再加上新材料、新技术高速发展的今天，许多

生土类建筑被看作贫穷落后的象征，又因其在材料美学、建造技术、地域文化传达与表现、生态环保等诸多方面的价值未得到全面客观的认识，而遭到严重的破坏。其中下七乡的刘氏房祠就是典型的一例。

根据国家"十二五"科技支撑计划课题"井冈山区域红色资源保护与利用关键技术研究与示范"（2012BAC11B01）的研究任务要求，课题组在充分论证的基础上，选择了位于井冈山市下七乡上七村的刘氏房祠作为红军标语和"干打垒"生土类红色物质资源抢救性保护技术的示范点，并进行保护技术实施示范。本书以该课题示范点建设工程的实录形式，立足于井冈山地区具有特殊价值的"干打垒"生土类建筑遗产的保护与利用，以井冈山地区留存下来的生土类红色物质资源——刘氏房祠为主要对象，依据遗产保护的理论，建立该地区红色文化背景下的生土类建筑遗产的价值评估体系，讨论保护与修复的原则及模式，从保护技术的角度分析生土材料的性能特点、病害机理，并通过大量的检测和实验，最终找到适应于井冈山地区环境

的"活态"生土类建筑遗产保护和修复的技术手段，建立了一套从信息采集、现状实录、材料病害检测，到实验分析、修复方案设计、试验性施工，再到正式施工、效果评估及后期维护和监测的完整的修复工作流程，对于井冈山地区同类红色物质资源保护具有示范及指导作用。

（说明：书中所涉图片多数为课题组自摄／自绘，非自摄／自绘图片均在相应处标注了出处。）

方小牛　唐雅欣　陈　琳　戴仕炳
2017 年 3 月

目录

第1章 井冈山生土类红色资源保护策略

1.1 井冈山红色物质资源概述

红色资源是指中国人民在中国共产党领导下，在新民主主义革命到改革开放前创造和形成的，可以为我们今天开发利用，且必须经过转化才能够彰显出其当代价值的革命精神及其载体的总和 [1]。或者说，红色资源是中国共产党在革命战争年代和社会主义现代化建设时期所形成的具有资政育人意义的历史遗存，是我们党和国家的宝贵财富，也是优质的教育资源 [2]。

1927 年 10 月到 1930 年 2 月，毛泽东、朱德、陈毅、彭德怀等老一辈无产阶级革命家率领中国工农红军来到井冈山，创建了以宁冈县（今井冈山市）为中心的中国第一个农村革命根据地。从此，鲜为人知的井冈山被誉为"中国革命的摇篮"[3]"中华人民共和国的奠基石"[4] 以及"马克思主义中国化的伟大开篇"[5] 而被载入中国革命历史的光荣史册。因此井冈山地区留下了大量丰富的红色资源，这些红色资源可以分为红色物质资源和红色非物质资源两大部分，其中红色物质资源包括革命历史遗迹与遗址、革命历史文物与遗物、红色标语，比如八角楼、行洲红军标语群旧址、黄洋界战斗旧址等；红色非物质资源包括红色歌曲、革命宣传口号、革命历史传说与故事、革命历史人物的事迹等，比如红色歌曲"十送红军"，革命口号"红军是为劳苦工农谋利益的先锋队""建设工农兵苏维埃政府"，红色传说"朱德的扁担""毛委员检讨吃鸡蛋"等。井冈山革命遗址作为一种红色资源，"是一种历史文化遗产，是记录历史的珍贵史料，是人们超越时空感知史实的客观载体"[6]。

迄今，井冈山地区保存完好的革命旧址与红色标语遗迹达 100 多处，其中22 处被列为全国重点文物保护单位，9 处被列为省级重点文物保护单位，49 处被列为市级文明保护单位 [7]。这些革命旧址大多为明清时期的民居、书院、商铺、祠堂等，土木结构占多。在红色革命时期被赋予了领导人居所、革命指挥部、工农兵政府、军械储备处、造币厂等新的功能和意义。它们不仅具有建筑遗产和红色文化遗产的基本属性，同时还是井冈山地区红色物质资源的重要组成部分。本书所研究的位于井冈山市下七乡上七村的刘氏房祠就是一例该地区典型的红色物质资源（图 1–1）。

图1-1 红色物质资源——井冈山市下七乡刘氏房祠（三个立面皆留有革命标语）

以刘氏房祠为代表的井冈山红色物质资源有一个非常普遍的鲜明特征，就是建筑墙面上常常保留有当年红军以及地方党和政府等组织留下的革命标语。秋收起义失利后，中国工农红军走上了"农村包围城市"的革命道路，毅然挺进井冈山地区。但是，由于当时中国共产党尚处于年幼时期，广大群众对党的方针政策并不了解，再加上敌人的反面宣传，使得老百姓对于共产党领导下的工农红军也像对其他的军阀军队一样，存在着一种畏惧心理。所以在当时的形势下，红军把思想主张以标语的形式直观地写在民居等建筑的墙面上，让老百姓们能够通过红色标语的宣传对共产党和工农红军产生一定的了解，再结合工农红军的实际行动，最终获得人民群众的理解和支持。这些标语，在当年为宣传党的政治纲领、发动群众、瓦解敌人起到了巨大的作用，是党史研究的重要资料和革命时期历史的有效证物，也是井冈山地区红色资源的重要代表。井冈山地区留存着数量庞大的通俗易懂的革命标语，具有内容全、数量多、级别高、影响大的特征，在大力弘扬社会主义先进文化的今天，又成了进行革命传统教育和爱国主义教育弥足珍贵的实物教材，加之井冈山特有的政治优势和旅游优势，使得红色标语的价值更加突出，保护的意义更为重大。因此，红色革命标语成为井冈山地区建筑遗产的重要特征元素，而墙面上承载着革命标语的建筑遗产也具有了红色物质资源的基本属性。

1.2 井冈山生土类红色物质资源

中国有着悠久的利用生土进行建造的历史，古代土工建造方法也非常多样，大体可分为挖余法、夯土法、剁泥法、土坯砌筑法和生土块法，其中夯土法又可分为直接夯筑法和版筑夯土法（图 1-2 [8]）。井冈山地区保留下来的大量革命旧址、红色标语载体等红色物质资源

图 1-2　古代版筑夯土筑墙图

就是版筑夯土法筑成的，当地俗称"干打垒"。

湘东赣西边界的井冈山一带是客家人聚居较为集中的地区。明末清初时期，由于战乱和人口膨胀，一部分居住于福建、广东以及赣南的客家人又反迁回内陆山区，同时也带来了客家的文化与技术，本书中的刘氏族人就是这批客家人中的一支。客家人在生土类建筑的墙体用料、墙身构造以及夯筑方法等方面都积累了宝贵的经验，非常善于在南方多雨潮湿的气候条件下利用生土材料进行建造。福建的土楼、广东的围龙屋、赣南的围屋都是著名而典型的客家住屋。井冈山地区的大多数生土类红色资源与福建和岭南客家土楼的建造工艺基本相同，外墙大多是采用版筑法夯砌而成。

版筑法是一种简单而历史悠久的低技术夯土施工工艺。井冈山地区"干打垒"土墙的建造过程是：

（1）首先以两块长 1.5~2m，宽约 500mm 的木夹板为模具（客家人称为"墙枋"，图 1-3 [9]），两板之间的宽度等于土墙的厚度，板外用木柱支撑；

（2）在夹板中填充预先配制好的生土材料，墙裙部位还要添加大量卵石或岩石碎片，起到防水和抗压的作用；

（3）由工人执一根长约 2m 的硬木舂杵（图 1-3）用力将土夯实，舂杵两头呈长方锥形，端部装有铁头，中段收缩成圆棍以便手握，夯击需逐行有规律地进行，先粗夯，再细夯；

（4）循环反复若干遍，直至土料密实；

（5）每一版土墙通常分四层或五层夯筑（称"四伏土"或"五伏土"），每两伏土之间还可能夹有细衫木条或竹条作为"墙筋"，相当于混凝土内的钢筋，以

加强夯土墙体的整体性和抗震性；

（6）夯筑后将夹板松脱向前移动，再填土夯实，连续夯至所需长度，称为一"版"，夯完第一版后，将模具上移放至第一版之上，继续夯筑第二版，直到所需高度为止。

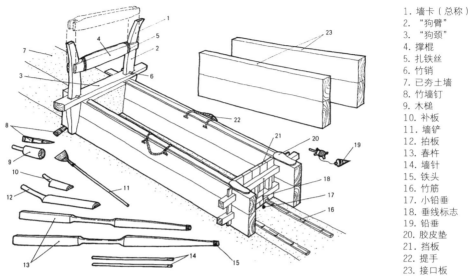

1. 墙卡（总称）
2. "狗臂"
3. "狗颈"
4. 撑棍
5. 扎铁丝
6. 竹销
7. 已夯土墙
8. 竹墙钉
9. 木槌
10. 补板
11. 墙铲
12. 拍板
13. 舂杵
14. 墙针
15. 铁头
16. 竹筋
17. 小铅垂
18. 垂线标志
19. 铅垂
20. 胶皮垫
21. 挡板
22. 提手
23. 接口板

图1-3 版筑法夯土墙建造模具图

夯土墙的坚固不仅与施工技术有关，所用材料和配方比例也十分讲究。井冈山地区的客家人一般采用三合土筑屋，即石灰、泥土和砂三种材料按一定比例混合，并添加糯米、桐油等黏性物，以及具有拉结作用的稻草、木片和竹筋等植物纤维，这样夯筑出来的墙体稳定性好，即使遭受外力作用而产生裂缝，也不致倒塌。

本书的主要研究对象刘氏房祠就是一例井冈山地区典型的采用三合土和版筑法夯砌的"干打垒"生土类红色物质资源。

1.3 井冈山生土类红色物质资源价值评估

在对一个建筑遗产进行保护和修复之前，有必要从文化遗产保护的视角出发，全面地建立该遗产的价值体系，综合地审视其建筑历史传承与演变、建筑形制与形式特征、建造技术与工艺、使用情况与发展潜力等方面的问题，同时亦不能忽略其所承载的社会和精神功能。这些问题集中体现为建筑遗产的历史文献价值、艺术美学价值、建造技术价值和经济使用价值。本节仅以刘氏房祠为例进行具体的讨论。

1.3.1 历史文献价值

历史文献价值是建筑遗产价值体系的基础。一个建筑在特定的历史时期被建造起来，本身就是时代文明的一种表现。建筑遗产能够保留至今，在历经的岁月中又记录了人类的某些社会活动，成为一种真实的史料和历史证据。

据《刘氏族谱》中《积善堂记》一章（图1-4）记录，刘氏房祠建于清宣宗道光四年甲申岁（1824年），族人为纪念祖先积德行善使得后代子嗣兴旺昌盛而将厅堂命名为"积善堂"。建筑距今已有近200年历史，精美绮丽的木作和彩画表现出了清代建筑的风格特征。据流传考证，该祠堂在井冈山斗争史上，尤其在湘赣革命斗争期间（1927—1930年），曾多次为革命作

图1-4 族谱上记载的的刘氏房祠——"积善堂"（上七刘氏三修族谱）

出过不可磨灭的贡献。红五军、红六军的部队均在祠堂宿营过；红军独立营第十营（红独十营）的官兵曾经在祠堂宿营数十天，为红军做了大量的宣传工作。据上七村中的老一辈们回忆，朱德总司令曾在祠堂门口操场上召开过群众大会，动员当地青年参加红军，支援革命斗争，鼓舞当地涌现一批革命先辈。祠堂四周的墙壁上多处留有当年红军的宣传标语，正立面左侧写有黑色的"□□①苏维埃政府，红独十营中共"；右侧写有黑色的"苏联是世界革命的大本营"；东立面写有黑色的"白军士兵不要打红军，去打日本法西斯"，上面覆盖有红色的"乘风破浪跃进再跃进"（图1-5）；

图1-5 刘氏房祠三个主要立面上的红军时期及大跃进时期标语

---

① 目前无法考证和辨别东耳房南立面所缺失的标语内容，疑为繁体"中华"二字。

西立面写有"白军士兵是工农出身，不要替军阀杀工农"等。祠堂反映和记录了真实的革命年代历史事实，也成为红色文化与革命记忆的实物载体。

1.3.2　艺术美学价值

　　艺术美学价值是建筑遗产价值体系的主要内容，主要体现在两个方面：一是建筑遗产本身反映了过去时代的艺术成就，表现出过去艺术的风格特点和导向；二是有些建筑本身也许不是那个时代的艺术杰作，但经过长久的岁月流逝而获得了诸如沧桑、质朴等与建筑本身又与历史岁月有关的美学意义。

　　刘氏房祠位于下七乡上七村东北方，坐东北朝西南，土木结构，建筑面积约520m²，建筑整体由一正厅两耳房构成，内设五个天井，布局独特（图1-6）。正

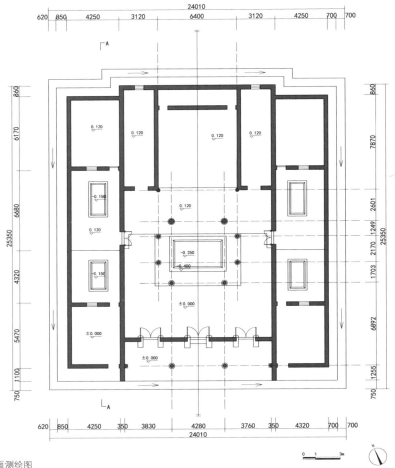

图1-6　刘氏房祠平面测绘图

殿面阔三间约 21m，前后两栋，进
深约 25m，抬梁式木构架，由 14 根
木柱和夯土墙体承重，厅堂内部木
天花板上和月梁上的彩绘繁复绮丽
（图 1-7）。

前后殿之间设一个大天井，左
右两耳房各设两个小天井，以满足
采光排水需求，雨水通过天井和室
外环绕建筑的排水渠，最终排往西

图 1-7　木天花板上的彩绘

南地势较低的农田中。祠堂屋顶形制为悬山，冷摊瓦屋面，小青瓦直接铺设于椽子
之上，不设望板层，屋角有轻灵起翘的飞檐，结构精美（图 1-8，图 1-9）。整座

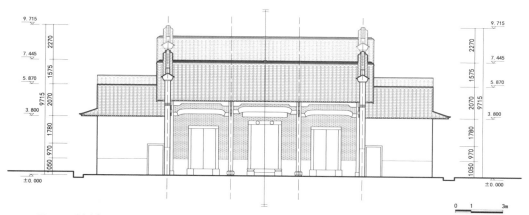

图 1-8　刘氏房祠南立面测绘图

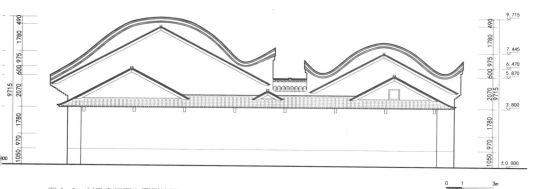

图 1-9　刘氏房祠西立面测绘图

建筑古朴精美，纵观方圆百里之古祠古屋，无一可与之媲美。同时刘氏房祠的建筑形式、材料选用和建造技术手段都表现出独特的地域性和乡土性特征，具有较高的美学价值。

1.3.3 建造技术价值

建造技术价值是建筑遗产价值体系的重要部分。建筑遗产历经几个世纪的岁月洗礼而留存至今，很大程度上得益于前人卓越的建造思想和技术方法，对当地建筑材料的理解与运用以及在建筑构造方面的创新和把握。

除正殿的南立面为青砖砌筑外，刘氏房祠的生土墙体（图1-10）采用版筑法夯砌，即用夹板作边框，在框内填满生土后用木杵打实，然后将夹板拆除向上移动，再依次填土夯实，直至所需高度为止。生土是一种吸水率较高的建筑材料，而潮湿又是造成材料病害的主要原因，为了避免从地面上反透的潮气和下雨时屋檐滴落的雨水对建筑造成破坏，墙体采用加了桐油的三合土（砂∶土∶石灰 =2∶1∶2）夯筑，墙裙部位还添加了大量粒径范围较宽的石子（包括卵石、片状岩石碎片，粒径从 2~5mm 到 8~10cm 不等），同时夯土中使用细木条（直径 50mm）和麦秸、竹片作为加固材料（图1-11），这些植物纤维

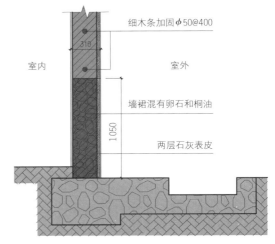

图1-10　刘氏房祠夯土墙体剖面图

图1-11　作为墙体加固材料的细木

一定程度上增加了土墙内部作用力，又吸收了部分墙体中的水分，能够有效提高墙体的抗裂性和稳定性。实验证明，添加桐油后，石灰及土样的强度大幅度提高，吸水率和压缩性降低，抗冻融性、抗干湿劣化性能也得到显著提高，这是一种十分科学又生态环保的低技术处理方式。

刘氏房祠的夯土墙体面层为石灰粉刷表皮。石灰可以与空气中的水蒸气和二氧化碳发生化学反应，生成不溶于水的石灰石，从而提高墙体的防水性能，对夯土墙起到很好的保护作用；同时也是革命斗争时期红军标语的主要载体。井冈山地区建筑的石灰表皮形制主要有含有骨料的石灰砂浆抹灰、不含骨料的纸筋灰和含有桐油的石灰抹灰。从材料沿袭的角度分析，以桐油石灰墙裙、地面和石灰黏土砂浆为表皮的做法早于麻丝石灰纸筋灰表皮，麻丝纸筋灰表皮则早于单纯石灰砂浆表皮。刘氏房祠墙体的石灰基层采用的是含有骨料的石灰砂浆抹灰（实验室试验恢复的配比为：石灰 15%、土 20%、粗砂 35%、细砂 30%），其中还有少量棉花纤维作为拉结材料，承载着革命标语的表层为纯石灰，墙裙部位的石灰中加入了桐油。从完整性角度观察发现，桐油石灰更适应井冈山气候条件，具有很好的防水性能和机械强度，但由于其造价高、工艺复杂，其应用也仅限于建筑墙裙和滴水檐等特殊位置。

1.3.4　经济使用价值

经济使用价值是建筑遗产基本建筑属性的体现，也是其他几种价值得以实现的基础。特别对于"活态"的建筑遗产来说，建筑的生命会因为持续加以适当的利用而得到延续。

祠堂是中国传统文化中一种重要的建筑形式，在我国建筑历史上有着重要的地位。除了"崇宗祀祖"之外，还可作为宗室子孙们办理婚、丧、寿、喜等事，以及族亲们商议和讨论重要事务的场所。现在的刘氏房祠不仅保留着历史功能，还成为族人活动和交流的公共场所，与日常生活息息相关。另一方面，刘氏房祠作为井冈山物质性红色资源之一，又有着良好的地理优势，背靠连绵的山峦且丛林茂盛，其余三面均为成片的田地，正前方 300m 外有东西走向的 S230 省道（柏油公路，图 1-12），交通相对便利，具有一定辐射作用，便于参观和考察。正是由于这些特殊的历史和地理因素，刘氏房祠还有着潜在的旅游开发价值和革命教育意义。

图 1-12　刘氏房祠正前方 300m 处的 S230 省道

1.4　井冈山生土类红色物质资源保护策略

1.4.1　多学科合作与保护技术路线

　　遗产保护学本身是个融合了建筑学、规划学、考古学、化学、材料学、结构工程学、环境学、生态学在内的学科。在生土类遗产的研究方面，国内外学者对于生土类建筑的空间体系、建造技艺、再生方式、生土维护结构的热湿效应、生土结构的力学性能、抗震性能，以及生土的物质特征和如何采用化学手段改变和提升生土的材料性能等涵盖各个学科领域的问题进行了大量研究。了解并熟知这些领域的研究成果，采取多学科交叉的研究模式，对相关学科的基本知识和技术方法有所掌握，并与其建立密切合作，共享研究成果，才能保证课题的顺利完成。

　　本书所研究的井冈山地区生土类红色资源的保护问题，既属于建筑学和遗产保护学的领域，又无法脱离化学和材料学的范畴。本课题研究是在井冈山大学与同济大学等多个单位通力合作和多学科交叉技术攻关条件下共同完成的。课题承担单位井冈山大学的工作内容侧重于对生土类红色物质资源构成材料的物理化学特性进行深入研究，为保护与修复材料的研发提供理论基础，并针对井冈山地区的气候特点、生土类建筑遗产的材料和病害特征等，开发、优化保护剂的制备工艺，最终制备出适用于该地区生土类红色物质资源的修复材料与保护剂。同济大学建筑与城市规划学院历史建筑保护实验中心作为主要的课题研究单位之一，研究的工作内容侧重于从建筑学的角度建立刘氏房祠的信息采集和现状实录系统，根据遗产保护的理论建立对于该地区生土类红色物质资源的价值评估体系，讨论保护与修复的原则及模式，从建筑遗产保护技术的角度去分析生土材料的特性、病害类型和破坏机制，通过实验室和现场实验对不同种类的保护与修复材料进行评估，找到最佳的生土类红色物质资源保护和修复的技术手段，设计保护与修复方案，指导施工实践与后期监测。

在多学科合作的前提下，课题组共同制定了保护与修复刘氏房祠的技术路线，提出采用试验性的施工模，并在修复技术方案设计和现场实际保护施工的过程中，加入一道带有试验性质的先行施工环节。这一环节是在具体环境中对保护技术方案进行可行性的验证，可以为相关研究提供最直观的数据和信息，也可以通过效果评估对方案设计中的不足与缺陷进行反馈，指导修复方案的修改、调整和完善等工作。试验性施工是建立在实验室实验与初步修复方案设计基础上的，关注于如何将实验室实验阶段得出的结果运用到实际的保护工程当中，并能在具体的自然环境和整体结构中发挥作用。实验室实验、修复方案设计和试验性施工是三个同步进行又相互促进和协调的技术环节，都为最终取得最佳的修复效果提供依据。

刘氏房祠作为井冈山生土类红色资源保护的主要示范点，将成为井冈山地区同类遗产保护的实体技术参照，本身也带有一定的实验和研究性质。刘氏房祠的修缮和标语保护工程是开展该地区大范围遗产保护前的预演，非常适合采用试验性的施工模式。在实验室进行的生土墙体保护与加固实验研究存在着实验面积小、观察时间短等问题，无法对长期的修复效果进行评估和预判。而试验性施工可以弥补这一弊端，有利于保护材料与技术工艺的最终选定，也有利于统筹人工和材料、控制经费和成本，更有利于结合保护现场的实际情况发现更多实际问题。

对于刘氏房祠及其革命标语保护，应该以充分展现井冈山地区的民俗民风和特殊时期的革命史实为着眼点，采取原址保护的方式。但保护工作应吸取从前的经验教训，通过在实验室中进行大量的科学实验和现场的试验性施工验证，来总结制定出一套最有效且最适合于以刘氏房祠为代表的井冈山地区生土类红色物质资源的保护与修复技术，并最终推广应用到该地区同类遗产的保护与修复当中。刘氏房祠的

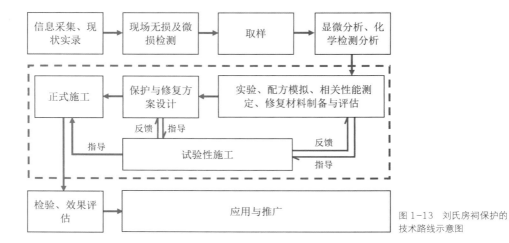

图 1-13 刘氏房祠保护的技术路线示意图

保护工程应以准确的材料病害分析检测为前提，大量可靠的实验分析为基础，并遵循原真性、完整性、可识别性、抢救性及技术可靠性、经济性及可持续性等基本原则，在试验性施工的验证下进行现场保护。

综上所述，刘氏房祠保护工作的完整技术路线如图 1-13 所示。

1.4.2 多方经费来源与多元合作模式

国家"十二五"科技支撑计划"井冈山区域物质性红色资源抢救性保护技术研究与示范"（2012BAC11B01-02）课题的承担单位井冈山大学，联合了其对口支援院校同济大学，在井冈山地区进行了多次科学考察与访谈调研，经过充分论证后，从众多的生土类建筑和革命遗产中，选择了刘氏房祠作为该课题的主要研究对象和革命建筑遗址保护示范点。为了示范点建设的顺利进行，课题组在示范点选址确定以后，先后与井冈山国家级自然保护区管理局、井冈山市人民政府、井冈山革命博物馆、井冈山市文化局、井冈山市下七乡人民政府和上七村村民及刘氏族人进行了充分协调和沟通，取得了政府和民众的支持与配合，并与井冈山革命博物馆和刘氏家族代表签订了示范点建设合作协议。

刘氏房祠革命标语和建筑保护示范点建设工程的合作单位具有多元化的鲜明特色，国家和地方政府、文物保护部门、高等院校、研究机构、村民业主都在工程中承担着不可替代的责任和义务，充分体现了多方合作的和谐建设模式。首先，在经费来源方面，由国家科技支撑计划提供专项课题经费，同时当地政府、相关管理部门和村民共同筹措项目资金，以保障修复工程的全部费用需求；其次，整个工程进程中各方分工明确、通力合作，井冈山大学和同济大学组成的课题组进行基础研究、方案设计、施工组织，地方政府和当地文物保护部门负责课题研究范围外所需的经费筹划、资源调配等统筹工作，村民和刘氏族人则配合政府筹募资金、协助示范点施工，并负责课题研究范围外的建筑修复和设施建设等工作。

这种多元合作、多方出资的保护工程模式非常适用于散落在乡间的文物保护等级并不高的建筑遗产，一方面国家的经费拨款和高校提供的技术支持大大减轻了当地政府和民众的经济压力，调动了民众参与和贡献的积极性，另一方面地方筹资又可以补充课题经费覆盖不到的范围，以保证修复工程的完整性。

1.4.3 红色物质资源的可持续性保护

以刘氏房祠为代表的很大一部分井冈山红色物质资源属于活态建筑遗产，这类遗产保留了建筑属性，至今仍处于一种"在用"的状态，还具备原初的使用功能。这类遗产具有更复杂多样的价值，蕴含着大量的民间智慧，包含人们对所处地域环境的思考，对生活环境的营造等。保护活态遗产的问题显然要比保护静态遗产更具复杂性、综合性和系统性。

在对活态遗产进行保护的过程中，必须注重其可持续性。可持续性要求环境、经济、社会三个方面协调一致，在保证社会与历史文化平稳传承的基础上，维护建成环境与自然环境的和谐，实现资源的合理配置与利用，促进经济的发展。

从环境因素方面考虑，保护工作不应只局限于保护刘氏房祠建筑本体，还应对其所存在的历史环境进行保护。历史环境包括硬质环境与软质环境，前者如村落肌理、空间形态、建筑特征等，后者如人文环境、生活场景等。在刘氏房祠的所在地上七村，尚保留下来一些"干打垒"民宅，这些老宅采用与刘氏房祠相同的建造技术和传统材料夯筑而成，与刘氏房祠一起形成具有井冈山地域特征的村落风貌。但随着村民经济条件的改善，大量的村民选择拆除原本的老宅，利用混凝土、瓷砖等现代材料建造了新式的小洋楼。刘氏房祠虽然作为市级文物保护单位得到了应有的重视和保护，但已明显脱离了原有的历史建成环境。对建成环境的保护应该有"延"有"续"，不仅要注重村落中原有历史建筑的保留，还要强调对新建建筑风格与形式的控制。传统材料与建造手段在经济性、科学性、生态性等方面有非常多的优势，又能更好地表达和体现地域文化特征，有利于形成协调的整体风貌。

从经济因素方面来看，建筑遗产由于社会的发展和演变正逐渐丧失原有的功能。

刘氏房祠原本是刘氏族人供奉和祭祀祖先、族长行使族权、族亲商议重要事务的场所，随着时间与观念的改变，这些讲究等级和仪式的功能逐渐弱化，现在已经成为普通村民日常交流与活动的公共空间。建筑遗产目前的这种功能转变是自然发生的，但随着农村人口的流失，刘氏房祠的功能性可能越来越弱，这对活态遗产的保护来说是十分不利的。对建筑遗产进行合理的功能置换与保护性再利用不仅能够更好地延续遗产的"生命"与价值，还有可能产生一定的经济效益。例如，在井冈山行洲红军标语遗址的开发保护中，部分建筑被作为博物馆、展览馆（图 1-14），成为了一种红色旅游与教育资源，传播了井冈山地区独特的红色革命文化，在产生良好社会效应的同时，也带来了一定的经济效益。

从社会因素方面讨论，红色物质资源的保护与利用是一个长期的、需要社会各方各界共同关注并参与的过程。政府需要建立健全完善的管理机构和体系，制定专项法律，培养相关专业人才，引导社会对红色物质资源的保护观念，增强民众的保护意识；开发者、经营者应遵守相关法规，认识到遗产各方面的价值，适度开发、妥善经营、规范管理；红色物质资源的使用者和民众应提高自身对遗产保护与适应性利用的认识，学习一些正确的修复技术，配合协助专业人员对遗产进行保护，并在保护工程完成后定期对遗产进行监测。

第2章 生土保护材料及工艺研究

人类历史上生产、生活等各种活动留下来大量的生土类遗产。这些遗产长期经受风吹、雨淋、日晒、冻融、微生物侵害、震动等外部环境的影响，极易发生风化。采用化学材料对生土类遗产进行表面加固是防止风化的一种重要手段[10, 11]。化学加固是指用一种与生土材料结合比较好的、具有一定渗透深度及强度的加固剂，对濒临危险的生土类遗产进行渗透加固，以提高它们的胶结强度，减缓风化速度。

2.1 加固与修复材料的选用原则

国家文物局2013年5月颁布的《文物保护工程设计文件编制深度要求（试行）》中指出："选择化学保护材料时应考虑环境、文物、材质、保护材料性能、人员的安全程度、经费可行性等因素。应对多种材料进行比较、筛选，在充分试验的基础上，确定被选用的保护材料。"针对不同的材料病害所需要采取的修复手段不同，选取修复材料的原则也会有所不同。例如，文件中指出"灌浆材料的选择原则是：材料具有耐久性和稳定性，对岩体裂缝的黏结力接近或略大于文物及其载体的力学强度，可灌性好，室温下能固化，施工方便，对材料的色泽和毒性也应重视"。

综合考虑以刘氏房祠为代表的生土类建筑遗产在固化、防水、抗风化、防霉等方面需求，以及在选取加固材料、灌浆材料、黏结材料、封护材料和其他修复材料时，应遵循以下原则：

（1）优先考虑传统材料、天然材料和已经研究成熟的材料；

（2）保护材料应为无色或与需保护部分相近的颜色，无眩光，修复后不改变遗产的原貌，且老化后无明显变色；

（3）修复材料需与遗产本体材料的兼容性好，机械强度、吸水率、透气性相当，能够很好地结合，收缩小；

（4）材料水溶盐含量低，不会给保护本体造成破坏；

（5）材料渗透性好，能够渗入较深的病害部位；

（6）材料耐水性好，但不憎水，有足够的透气性；

（7）加固材料能够明显提升遗产本体的强度、抗风化性、抗冻融性；

（8）材料具有防腐，防虫，抑制霉菌、植被和微生物生长的性能；

（9）材料无毒、无污染，反应的副产物不对遗产和环境造成不良影响；

（10）材料在正常温湿度范围内便于储存，施工方便；

（11）材料的耐候性（耐光照、耐热、耐冻、耐紫外线、耐酸碱等）好，老化后便于清理，对遗产本身没有不良影响，具有可逆性或再处理性；

（12）价格较为低廉，取材方便。

2.2　常用生土加固与修复材料的化学作用机制及其应用

土遗址是古文化遗产中重要的一部分，是人类历史上各种活动遗留下来的以生土为主要建筑材料的遗迹。其中，潮湿环境土遗址保护是世界性的难题，近年来得到了文物保护界的高度重视。有关近年来潮湿环境土遗址加固保护剂的研究进展已有文献综述[12]，本节中仅对几种最为常用的生土加固与修复材料的化学作用机制及其应用加以阐述。

2.2.1　石灰类材料

石灰作为一种传统建材的化学机理如下：

（1）生石灰消化的同时放出大量的热量：生石灰与水反应生成氢氧化钙（俗称熟石灰）的过程称为生石灰的消化。生石灰消化反应式为：

$$CaO(s) + H_2O \rightleftharpoons Ca(OH)_2(aq.) \quad \Delta H = -63.7kJ/mol(CaO) \quad （2-1）$$

每升水可以与大约 3.1kg 的生石灰反应，并同时放出 3.54 MJ 的热量。

（2）氢氧化钙水解产生强碱性：氢氧化钙是一种强电解质，在水溶液中，能离解形成 OH^-，因而呈强碱性，溶液 pH 值可达 12.4。电离方程式为：

$$Ca(OH)_2 \rightleftharpoons Ca^{2+} + 2OH^- \quad （2-2）$$

（3）氢氧化钙的碳化过程：施于建筑之上的氢氧化钙在空气中二氧化碳和水蒸气的作用下，慢慢炭化形成坚实的碳酸钙，对建筑起到支撑作用。相对来说，由于二氧化碳在墙体中的吸收和渗透等因素的影响，碳化过程需要较长的一段时间才能完成。简化的反应式为：

$$Ca(OH)_2 + CO_2 \rightleftharpoons CaCO_3 + H_2O \quad （2-3）$$

1. 天然水硬石灰

石灰是一种常用的建筑材料和传统加固材料。在 2010 年欧盟建筑石灰标准中，熟石灰分为两大类：一类是常用的气硬性石灰，另一类为具有水硬性质的石灰（表

2-1[13]）。中国的建筑工程用石灰，通常是指气硬性石灰，它是一种由主要成分为碳酸钙的石灰岩经高温煅烧（900℃~1100℃）、粉碎、消解而成的胶凝材料。石灰的硬化是指石灰浆体逐步转化为具有一定强度的结构致密的固体碳酸钙的过程。气硬性石灰的硬化机制为石灰与空气中的水和二氧化碳反应后碳化，形成碳酸钙，化学反应式为：

$$Ca(OH)_2 + CO_2 + nH_2O \longrightarrow CaCO_3 + (n+1)H_2O \qquad （2-4）$$

这个过程也被称为气硬过程。

表2-1　2010年欧洲标准EN459-1对石灰及水硬石灰按强度及生产过程进行的分类

石灰类型 Type	亚类及技术要求 Sub-type and specification		代号 Symbol	28天抗压强度（Mpa） Compressive Strength in 28d
气硬性石灰 Air Lime （hydrated lime）	钙质石灰 Calcium Lime		CL	—
	镁质石灰 Dolomitic Lime		DL	—
水硬性石灰 Lime with Hydraulic properties	天然水硬石灰 Natural Hydraulic Lime	由天然泥灰岩烧制、消解而成，不添加任何外来成分和人工助剂	NHL1	0.5~3
			NHL2	2~7
			NHL3.5	3.5~10
			NHL5	5~15
	配制石灰 Formulated Lime	指添加各种石灰、水泥、矿渣、硅微粉等配制出的具有水硬性的石灰，当水泥含量大于10%必须标注	FL2	2~7
			FL3.5	3.5~10
			FL5	5~15
	（狭义）水硬石灰 Hydraulic Lime	由活性组分等生产的非天然水硬石灰，如火山灰石灰	HL 2	2~7
			HL3.5	3.5~10
			HL 5	5~15

水硬性石灰则是由黏土含量为15%~20%的泥质石灰岩或是二氧化硅含量在13%左右的硅质石灰岩烧制加工而成的[14]。这种石灰中含有较多的硅酸钙、铝酸钙和铁铝酸钙等化合物，颜色较深。天然水硬石灰（Natural Hydraulic Lime，NHL）是仅靠石灰岩中含有的天然水硬元素而不添加任何外来成分和人工助剂制成的水硬石灰，主要成分有二钙硅石（$2CaO \cdot SiO_2$，简写成C_2S，称为水硬性组分）、熟石灰、部分生石灰、没有烧透的石灰岩及少量黏土矿物。其中的水硬性组分在遇到水时发生水化反应，生成不溶于水的化合物，其中的化学反应可表示为：

$$2CaO \cdot SiO_2 + nH_2O \longrightarrow xCaO \cdot SiO_2 \cdot (n-2+x)H_2O + (2-x)Ca(OH)_2 \qquad （2-5）$$

这个过程也被称为水硬过程。

在水硬过程之后，石灰继续在潮湿空气的参与下，吸收空气中的二氧化碳，生成碳酸钙，与气硬性石灰的气硬过程相同，这个过程要维持几个月的时间。所以，水硬性石灰的硬化分为水硬和气硬两个阶段，首先通过水硬阶段满足早期强度需求，之后再逐渐炭化满足长期强度要求。

天然水硬石灰具有硬化速度快、机械强度高、附着力强、透气性好、收缩性低、防水性好、柔性高、施工方便、经济便宜等特点，在欧洲已有悠久的工业化生产和使用的历史。然而在我国，人们对天然水硬石灰的认识和研究并不够深入，目前还没有专门的生产企业与相关标准，使用也并没有普及。

在遗产保护领域，天然水硬石灰早已经进入人们的视野。1994—1998 年，"建筑遗产保护中的水硬石灰材料研究"由德国联邦环保基金会（DBU）资助和发起，该研究表明水硬石灰在建筑遗产保护领域具有广阔的应用前景[15]。我国自 2008 年引入天然水硬石灰以来，也开始出现越来越多的使用天然水硬石灰进行的遗产保护项目，特别是在壁画、岩画的修复与加固黏结等方面，取得了较多较好的效果和研究进展。天然水硬石灰能够通过水化反应迅速硬化，而之后长期缓慢的气硬过程又利于后期的修正和调整，以便增强材料与加固对象之间的兼容性与适应性。与水泥等其他水硬性材料相比，天然水硬石灰水溶盐等危害性、腐蚀性成分非常低；与传统熟石灰相比，由于多了一道水硬阶段，抵御自然侵蚀和破坏的能力更强。另外，由于微生物和细菌难以在强碱性的环境中存活，石灰还是天然的杀菌剂。因此，天然水硬石灰是一种无污染、耐老化、兼容性优越的修复材料。

2. 纳米石灰和微米石灰

纳米石灰是指颗粒最大轴向达到纳米级别的氢氧化钙，由金属钙与有机醇类经过聚合生成醇化钙 Ca（C$_2$H$_5$O）$_2$，再由醇化钙水解可得到 50~250nm 的细颗粒的纳米级石灰。一般使用乙醇、丙醇等作为溶剂，纳米氢氧化钙颗粒分散于其中，浓度介于 5~50g/L（图 2-1[16]）。微米石

图 2-1　不同浓度的纳米石灰

灰的氢氧化钙颗粒则比纳米石灰大，仅达到微米级别。纳米-微米石灰的化学作用机制与传统石灰相同，通过与空气中的水蒸气和二氧化碳反应生成碳酸钙，起到防水、加固或黏结的作用。而氢氧化钙的强碱性也使石灰在对材料进行加固的同时，具有杀菌防霉以及中和酸性腐蚀物质的功效。

传统石灰的颗粒较大，渗透缓慢，容易聚集在所加固的材料表面，使表面发白。纳米-微米石灰克服了这一缺点，因其颗粒较小而具有更好的渗透性，可以不受阻碍地顺着材料的毛细裂隙或孔隙渗入材料深层的病害部位进行加固和黏结（图2-2[17]和图2-3[17]），同时由于醇类溶剂的迅速蒸发，纳米-微米石灰的纯度很高，在病害区域的硬化反应更为高效快捷。2008年开始，欧盟开展了纳米石灰的研究，重点解决纳米石灰材料的合成方法、施工工艺、检测技术等方面的问题，以及研究如何利用纳米石灰对风化的石灰质遗产进行加固和黏结，同时也尝试找到去除及预防霉菌的生态方法。欧洲已有很多应用纳米-微米石灰的壁画、石灰质文物修复与保护项目。2012年，同济大学历史建筑保护实验中心开始尝试用分散方法制备纳米-微米石灰，已取得了突破性进展。

3. 石灰类材料在生土类建筑保护中的应用案例

欧美一些国家及澳大利亚在文物建筑保护方面已大量应用天然水硬性石灰。我国采用石灰黏结砖石等无机材料具有悠久的历史，但对天然水硬性石灰的应用却相对滞后。国内，自上海德赛堡建筑材料有限公司于2006年开始从德国引进天然水硬性石灰，并开发用作对文物加固和修复材料。已成功应用的案例有广西花山岩画、平遥古城加固以及杭州九星里1号水刷石石库门、上海市黄

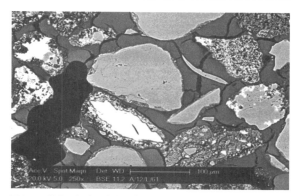

图2-2　纳米石灰渗入砂浆孔隙的高填充率

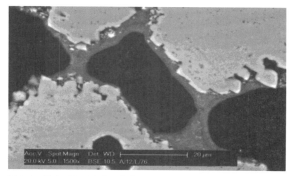

图2-3　纳米石灰对砂浆颗粒的黏结作用

浦区 174 街坊保护等建筑的修缮加固等[13]。

2.2.2 硅酸乙酯水解聚合物

1. 正硅酸乙酯的基本性质

正硅酸乙酯（缩写为 TEOS）是硅酸酯类中最具代表性的一种物质，常温下为无色透明液体，具有类似乙醚的嗅味，沸点为 168.5℃。正硅酸乙酯对空气稳定，能与乙醇、乙醚等有机溶剂互溶，微溶于水，有水解性。

硅酸乙酯是一种世界上广泛使用于文物遗产保护的现代材料，对硅酸盐、炭化物、无机氧化物等物质具有良好的黏合性，能够对石材、砖、生土等建筑材料进行增强和固化。在酸或碱的催化作用下，硅酸乙酯能够与空气中的水蒸汽反应，当副产物乙醇挥发掉以后，生成以 Si—O 为主键的硅胶，后者填塞了材料颗粒之间的空隙，使颗粒紧密固结，材料的强度因此得以增强。硅酸乙酯固结增强化学反应为：

$$Si(OC_2H_5)_4 + 4H_2O \longrightarrow SiO_2(aq.) + C_2H_5OH \qquad (2-6)$$

同时，生成的胶体二氧化硅还能继续与建筑石灰发生反应，形成类似水泥的钙的硅酸盐水合物，生成以 Si—O 为主键的具有三维立体结构的多聚硅酸等物质，进一步对遗产进行加固。

硅酸乙酯有很好的渗透性，德国慕尼黑大学的 Rupert Utz 对陕西临潼的生土加固所进行的研究表明，硅酸乙酯类增强材料的渗透深度可达到 30~35 mm。良好的渗透性保证了增强剂能够到达深度病害的基部，生成和原始材料兼容的无机黏结剂，对材料进行加固，提升材料的强度。反应的副产物乙醇无毒无害，不会引起泛碱和起壳等其他病害。反应生成的胶体二氧化硅抗老化性能好，耐久性好，并耐紫外线、耐风化，经处理后仍然能够为实施其他保护技术提供可能性。施工简便，无需现场配制，质量稳定，可长期储存，且透气性好，施工中不同潮湿程度的基面干燥速度几乎相同，普遍适合于各种非极端环境中古迹遗址的修复与保护。

2. 正硅酸乙酯水解－聚合机理及其对生土的加固机理研究

正硅酸乙酯作为黏合剂的原理在于在酸性或碱性条件下发生水解作用，然后进行缩合－聚合反应，生成以 Si—O 为主键的具有三维立体结构的聚合物，形成胶体，从而具有自硬黏结作用。正硅酸乙酯的水解和缩合过程很复杂，在不同的条件下会生成不同形式的中间产物[18]。

根据热力学原理，硅酸乙酯完全水解时得到的最终产物是二氧化硅和乙醇，反应式为：

$$Si(OEt)_4 + 2H_2O \longrightarrow SiO_2 + 4EtOH \tag{2-7}$$

其实，这是一种理想的最终状态，反应过程中，乙氧基完全水解，而硅羟基或乙氧基完全没有缩合。但在实际水解过程中，往往是乙氧基并不完全水解，硅羟基或乙氧基会产生一定程度的缩合，但也是不完全缩合。因此，水解反应的通式可表达为：

$$n\,Si(OEt)_4 + (n-1)H_2O \longrightarrow (EtO)_3Si[OSi(OEt)_2]_{n-2}OSi(OEt)_3 + (2n-2)EtOH \tag{2-8}$$

利用正硅酸乙酯中的硅氧键骨架组成的加固剂，由于 Si—O 键键能较高，在硬度、耐高温和稳定性方面具有其他材料无法比拟的优势[19]。一般认为，正硅酸乙酯处理黏土时生成的硅氧烷聚合体能产生增强的加固效果。正硅酸乙酯水解聚合物的一端与无机物颗粒的表面相连，另一端与邻近的无机物颗粒相连，通过烷氧基的水解，相邻颗粒间以硅氧烷链联结在一起，使软弱、松散的土粒得到加固和增强。但在施工过程中要注意选择好溶剂，控制溶剂挥发不要太快，否则不利于正硅酸乙酯在无机土中的均匀分散，造成强度增加不明显。

黏结硅酸乙酯溶液在渗入土石类材料内部，以水解低聚物的形式填充了土石材料内部孔隙的同时在土石材料的表面形成一层二氧化硅薄膜，与原土石类材料的理化性质接近，相容性好，增加牢度，且具有耐酸性和疏水性[20]，从而起到保护作用。赵强等[21]人对甲基三乙氧基硅烷、正硅酸乙酯等单体缩聚的硅酸酯低聚体在石材保护中的应用进行了研究，结果表明经封护的石材其耐酸碱性、憎水透气性、抗冻融性均大幅提高，酸碱老化质量损失率分别降低 95% 和 93%。张金风等将正硅酸乙酯用于土遗址加固中，加固后的土块抗压强度增加 44%[22]，符合现代加固中加固强度宜适中而不宜太高的新理念，是一种较好的土遗址加固保护剂。

3. 正硅酸乙酯在文物保护中的应用案例

硅酸乙酯的研究开发已经有 100 多年的历史。20 世纪 60—70 年代，硅酸乙酯被研究成熟，大规模工业化生产取得突破，广泛应用到天然与人造矿物材料的增强保护中[23]。早在 1969 年，Giacomo Chiari 等[24]人采用正硅酸乙酯－乙醇体系用于对伊拉克某遗址（Sekucia and Hatra）风干砖的保护。1975 年秘鲁采用正硅酸乙酯与乙醇混合体系处理土坯建筑的表面[25]。20 世纪 70 年代秘鲁曾采用正硅酸乙酯与乙醇混合体系处理土坯建筑表面[26]。美国新墨西哥州的印第安人土遗址部分采用硅酸乙酯进行加固[27]。80 年代末 90 年代初，又成功研制不含溶剂的第二代硅酸乙酯增强材料，其以硅酸乙酯单体为主，有效组分在 99% 以上，含微量溶剂和催化剂。由于其渗透深度大、渗透时间短、施工方便、强度增强适中、强度剖面均匀，也可以用无水酒精稀释，以达到特殊的保护需要，是目前使用最多的一种岩土增强剂。从 90 年代初开始，第三代弹性化硅酸乙酯材料开发成功，生成的二胶体氧化硅在保留本身的特点的同时，尚具有弹性，克服了经典硅酸乙酯使用时，有时材料表面强度增大而脆性变大，容易形成表皮剥落，而在风化严重部位强度增加又不明显的缺点。但和不含溶剂的硅酸乙酯增强剂相比，弹性化硅酸乙酯渗透深度略差，主要适用于孔隙度非常高而强度又特别低的材料。

在中国，正硅酸乙酯在文物保护中的应用也有了不少成功的案例。例如，在西安大雁塔（青砖）、重庆大足石刻（砂岩）、陕西彬县大佛寺石窟（砂岩）、西安半坡遗址（生土）等全国重点文物的保护工程中，均取得了较好的效果[28]。近来陕西彬县大佛寺的保护、含元殿复原夯土墙的加固、半坡遗址加固等工程中都采用硅酸乙酯为主体的保护剂。结果都表明有机硅加固土体，强度和渗透深度较好，对潮湿的土遗址加固效果较好，且有一定的自洁功能，只是抗冻融性能较差，颜色有变化[29]，需要特别注意使用合适的浓度和采取合适的施工工艺。

2.2.3 桐油

1. 桐油的基本组成与结构

桐油（Tung oil）是从油桐树种子（桐子）中榨取的油脂，是中国本土的一种传统油料，也是中国的特产。桐油的化学成分是脂肪酸甘油三酯混合物，其主要成分是桐酸甘油酯，并含有少量的软脂酸、硬脂酸、油酸和亚油酸甘油酯等成分。通常将桐油的构造式表示为：

$$
\begin{array}{l}
CH_2OOC(CH_2)_7(CH=CH)_3(CH_2)_3CH_3 \\
\quad | \\
CHOOC(CH_2)_7(CH=CH)_3(CH_2)_3CH_3 \\
\quad | \\
CH_2OOC(CH_2)_7(CH=CH)_3(CH_2)_3CH_3
\end{array} \qquad (2\text{-}9)
$$

产地、气候和采摘时机等因素对桐油中桐酸含量均会产生重要的影响，不同产品桐油中桐酸的含量也不尽相同，可以在 52%~92%[30, 31]，大部分地区所产桐油中 α–桐酸的含量约在 72%[32]。桐酸是一种含有三个共轭双键的不饱和脂肪酸，命名为 9，11，13－十八碳三烯酸，根据三个双键构型的不同，有五种不同的顺反异构体[33]。最为重要的有顺，反，反－构型的 α－桐酸和反，反，反－构型的 β－桐酸。α－桐酸化学性质活泼，很容易发生异构化变成 β－桐酸[34]，如图2-4 所示。

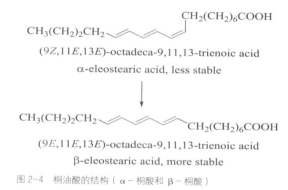

(9Z,11E,13E)-octadeca-9,11,13-trienoic acid
α-eleostearic acid, less stable

(9E,11E,13E)-octadeca-9,11,13-trienoic acid
β-eleostearic acid, more stable

图 2-4　桐油酸的结构（α－桐酸和 β－桐酸）

2. 桐油的性能及其作用机理研究

桐油之所以在历史建筑和文物保护中有重要的应用，其根本原因在于桐油是一种典型的干性油，其主要组成单元桐酸分子中含有三个共轭的双键，这些双键的存在使得桐油在空气中易于氧化并聚合，从而形成富有弹性的柔韧固态桐油膜。当桐油被施用于木质艺术品或文物时，能够渗入木材内部并在其表面形成光亮而柔韧固态桐油膜，对木质品起到保护作用；当桐油被用于建筑土料时，也因桐油膜的形成或其他一些特殊的配位作用而将土料颗粒包裹并黏结于一起形成致密的固化结构而对土料建筑形成保护作用。近年来，有关加固应用的机理研究也在不断地深入，已见报道的桐油应用主要包括桐油－石灰－黏土，桐油－石灰－糯米汁－黏土等复合材料。

桐油灰浆是中国古代劳动人民发明的一种有机－无机复合材料，具有优良的防水和黏结效果，在古代船舶防水密封、古建筑防潮、木结构防腐等方面应用十分广泛。作为一个传统的黏结材料，桐油石灰砂浆在保护文物中有很好的应用前景。近年来，有多个团队对桐油石灰砂浆材料的配比、性能和作用机理进行了较为深入的研究，取得了相对一致的认同。例如，魏国锋等[35]采用扫描电镜、X 射线衍射、傅里叶变换红外光谱等技术手段，探讨了桐油灰浆的材料配方和理化性能。结果显示，用 Ca（OH）$_2$ 和熟桐油制备的桐油灰浆综合性能最佳，其 90d 抗压强度和剪切强度较普通石灰浆分别提高了 72% 和 245%，吸水系数仅为普通石灰浆的 1/620，抗氯离子侵蚀能力和耐冻融循环等性能均大大改善。桐油灰浆良好的物理性能主要源于桐油固化过程中发生交联反应而形成的致密片层状结构以及桐油与 Ca（OH）$_2$ 发生配位反应而生成立体网状结构的羧酸钙。赵鹏等[36]利用超声、X 射线衍射仪和扫描电子显微镜分析了桐油－石灰传统灰浆炭化和结晶过程。结果表明，桐油的

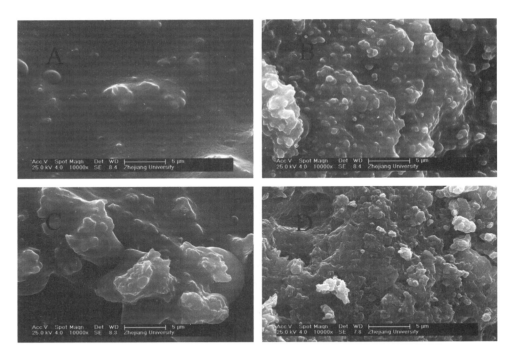

图 2-5　几种不同石灰砂浆的微结构图

掺入加快了石灰浆体的早期结构形成，并对炭化反应中碳酸钙晶体的生长有明显调控作用，限制了碳酸钙的结晶度，因而形成的晶体尺度小，结构更加致密。方世强等撰文对桐油石灰砂浆的组成、性能和桐油石灰砂浆作用机制等进行了研究。成分的分析结果证实，在桐油石灰砂浆中 $Ca(OH)_2$ 与桐油及 CO_2 反应形成碳酸钙和羧酸钙（图 2-5 [37]）。桐油石灰砂浆的良好性能来源于 Ca^{2+} 离子的配位结合和桐油分子中不饱和双键的氧化聚合等反应所形成的致密结构。在普通石灰砂浆中碳酸钙粒子间交联很少，而在 $CaCO_3$–桐油砂浆中粒子间仅靠桐油分子间的交联而将其包裹（A，C），只有在 $Ca(OH)_2$ 石灰砂浆（B，D）中，既有桐油分子间的交联，还有 Ca^{2+} 离子的配位结合。因此，用桐油与氢氧化钙制备的砂浆比普通石灰砂浆具有更好的力学性能、耐水性和耐候性。

　　张虎元等 [38，39] 对潮湿气候条件下土遗址的桐油和石灰加固保护进行了系列研究，发明了一种用添加了石灰和桐油的石灰–桐油–潮湿土料调制而成的复合填料来填补和加固潮湿土遗址的办法。其原理是利用了生石灰经过一系列反应后与土颗粒结合形成共晶体，从而提高了土体的强度和憎水性。研究结果表明，桐油和石灰都能提高土料的憎水性和团聚强度，石灰的消化、离解和炭化过程又恰好为桐油的氧化聚合成膜提供了适宜的环境，后者反过来又对炭化过程中碳酸钙的结晶度产生影响，两者同时使用时能有效地增强土遗址的憎水性和强度。桐油在空气中氧化经聚合反应可生成致密的薄膜而提高憎水性，并通过其对土颗粒的包裹作用，阻断了土颗粒与水的接触，因面提高了土遗址对水的整体稳定性。该法在成本、制取、存储和操作上都很方便，为潮湿土遗址的长期保存提供了一种有效的新方法。

林廷松[40]、林捷[41]、唐晓武[42]等对桐油、糯米汁改性黏土的土工特性研究结果表明：桐油和糯米汁可以很好地弥补黏土渗透和强度的缺陷。桐油具有一定的聚合反应特性和良好的成膜性，能较好地渗入黏土的表面，形成连续的高分子包膜层。在黏土中加入桐油和糯米汁后（最佳质量比为 90 ∶ 5 ∶ 5），其渗透系数较天然黏土降低了近两个数量级，复合黏土的土工强度也明显提高。复合土料渗透性和强度的提高的主要原因是桐油和糯米汁将细小颗粒团聚在一起，从而形成了更为致密的微观结构。从电镜照片可以看出，未添加其他物质的生土的表面呈松散的片状结构，还有明显的孔洞和凹陷（图 2-6 左[42]）。而添加了桐油和糯米汁的土样表面被成膜物质所覆盖。桐油油膜能很好地附着在土颗粒的表面，在突起部分也能适应其外形轮廓而对其紧密覆盖，此外，还可以看到被桐油和糯米汁黏聚在一起的小颗粒团（图 2-6 右[42]）。

陈佩杭等[43]运用桐油、石灰、糯米汁、黏土作为土遗址的复合修复材料，按照不同的配合比制样进行无侧限抗压、固结、干湿循环、冻融循环等试验。结果显示，添加了 4% 桐油和石灰的土样能够大幅度提高夯土的强度，且压缩性低、抗冻

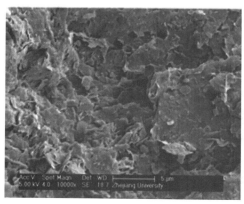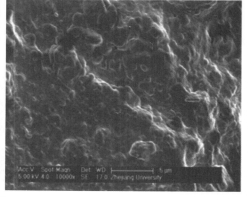

图 2-6　未改良土和桐油-糯米汁改良混合土的扫描电镜照片

图 2-7 桐油改性土冻融循环效果对比图（0，5，15 个冻融循环）

融性好，尤其能显著提高土样的抗干湿劣化的性能。桐油的附着力强、干燥快，具有一定的聚合反应特性，能够较好地渗入生土等建筑材料的内部，形成连续的半干硬性致密油膜，有效地阻隔水分子的侵入，从而降低生土的毛细吸水系数。

福建客家土楼的三合土质量最高，就是因为其中掺入了桐油、糯米汁、红糖、鸡蛋清等物质。添加了桐油的土样还有着优秀的抗冻融性能，同济大学历史建筑保护实验室在研究改性土性能时，向不同样品中添加了水性防水乳液、有机硅粉末和桐油，经过 5 个冻融循环后，添加桐油的改性土样品变化很小，而其他样品已开始崩解；20 个冻融循环后，只有添加了桐油的改性土保持完整（图 2-7[44]）。

另外，有研究表明：在石灰中添加适量的桐油，能够加快石灰浆体的早期结构形成，并对石灰炭化硬化反应中碳酸钙晶体的生长有明显调控作用，限制了碳酸钙的结晶度，因而形成的晶体颗粒尺度更小，结构更加致密，防水性能更佳（图 2-8[45]）。早在唐朝时期，中国古代劳动人民就已发明了桐油灰浆，用来提高船舶的防水密封性以及建筑墙体和木构的防潮能力，在古代水利、城墙、墓葬等工程

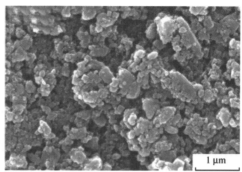

图 2-8　桐油对炭化后石灰结构的影响（不添加 vs 添加）

中也有广泛应用。

桐油作为天然的传统加固材料，与其他人工合成的高科技材料相比有着价格低廉、取材方便、原生态、无污染的优势，又具备良好的固化黏结效果，是一种适用于生土类建筑遗产保护工程的理想材料。

3. 桐油在文物保护中的应用案例

桐油在地仗构建中无论是在基层还是面层都可以得到应用[46, 47]。

福建客家土楼是世界建筑史上的一朵奇葩[48]，历经千百年风雨，还有地震、战火的洗礼，依然固若金汤。其中仍保存完好的永定土楼，最老的楼群可追溯到 15 世纪，其得以流传的原因可归功于中国传统的三合土技术。其中就加入了红糖、糯米、桐油等添加剂，极大提高了三合土的强度和抗渗性能。

陈佩杭[49]对日本九州地区的土遗址吉野里坟丘墓土的修复中，也采用石灰、桐油、糯米浆作为修复材料，添加了桐油和石灰的土样强度有大幅度的提升，且抗冻融性更好。

松潘古城墙至今已有 700 多年历史[50]，现仍保存良好，根据《松潘县志》记载，当年平羌将军丁玉进驻松州修筑城墙时，采用的灰浆是由糯米、石灰和桐油熬制而成。

2.2.4　丙烯酸树脂

1. 丙烯酸树脂的组成和分类

丙烯酸树脂，英文名为 poly（1-carboxyethylene）或 poly（acrylic acid），是指由丙烯酸酯类、甲基丙烯酸酯类和其他烯类单体共聚制成的一种合成高分子树

脂。通过选择不同的配方（包括单体、引发剂、助剂等）、树脂结构、生产工艺和溶剂组成，可以合成不同种类、

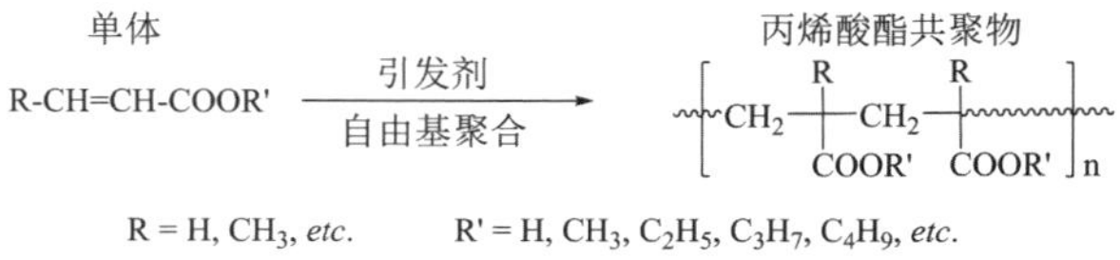

图2-9 丙烯酸树脂的合成反应图

性能和不同应用场所的丙烯酸树脂[51]（图2-9）。

其主链为C—C键链，是很强的化学键，因而其产品有很强的光、热和化学稳定性。以丙烯酸酯树脂为基本成膜剂而制成的涂料称为丙烯酸酯涂料，主要由丙烯酸酯树脂、溶剂和颜料、填料以及助剂组成。所以丙烯酸酯涂料具有很好的耐候性、耐污染性、耐酸性、耐碱性等性能，广泛用于外用面漆，例如汽车面漆、建筑外墙涂料、其他外用的工业涂料等。

可以从不同的角度对丙烯酸树脂进行分类。根据结构和成膜机理的差异可分为热塑性丙烯酸树脂和热固性丙烯酸树脂；根据生产方式的不同可分为乳液聚合产品、悬浮聚合产品、本体聚合和溶液聚合产品；根据丙烯酸酯涂料的介质情况，丙烯酸酯涂料又可分为溶剂型丙烯酸酯涂料，水性丙烯酸酯涂料和无溶剂型丙烯酸酯涂料三大类（表2-2至表2-4）。

表2-2 溶剂型丙烯酸酯涂料的品种和用途

品种		主要用途
热塑性丙烯酸酯涂料		主要用于一般工业涂料：塑料用涂料、汽车修补漆、建筑外墙涂料等。为了减少环境污染，可采用非光活性溶剂来代替芳烃等有害溶剂
热固性丙烯酸酯涂料	羟基丙烯酸酯涂料	氨基树脂为固化剂，主要用于汽车面漆、家用电器及其他装饰性涂料。多为异氰酸酯固化剂，主要用于汽车面漆及修补漆、塑料用涂料、建筑外墙涂装
	环氧丙烯酸酯涂料	多元酸、多元胺为固化剂，主要用于罐头涂装涂料
	羟酸丙烯酸酯涂料	环氧树脂和氨基树脂为固化剂，主要用于罐头涂料等工业涂料
	N-羟甲基丙烯酸酯涂料	三聚氰胺树脂为固化剂，也可自交联，主要用于底、中层涂料，也可以用与金属家具涂料
	硅氧烷丙烯酸酯涂料	催化固化，主要用于建筑外墙涂料，或其他固化方式辅助交联，例如用于汽车面漆或其他工业涂料

表2-3 水性丙烯酸酯涂料的主要品种和用途

品种		主要用途
热塑性乳胶漆		主要用于建筑内外墙涂料，金属防腐涂料，水性路标漆，金属漆
热固性乳胶漆	乳液型丙烯酸酯涂料	主要用于建筑内外墙涂料，罐头用漆，马路标志漆，木器用漆
	水稀释性丙烯酸酯涂料	主要用于汽车电泳底漆，家用电器、铝制门窗框、建筑板材、皮革涂料
	水溶液性丙烯酸酯涂料	主要用于汽车底漆，汽车零部件及家用电器零部件的涂装

表 2-4　无溶剂型丙烯酸酯涂料的主要品种和用途

品种	主要用途
热固性紫外光固化涂料	主要用于木器漆、纸张涂料、光纤涂料和塑料涂料
热固性丙烯酸酯粉末涂料	主要用于铝材轮毂涂料、护栏用涂料、家电用涂料，已开始用于汽车罩光漆

2. 丙烯酸树脂的改性研究

丙烯酸树脂具有色浅、透明度高、光亮丰满、涂膜坚韧、附着力强、耐腐蚀等特点，是常用的涂层成膜材料。同时，丙烯酸树脂也在一定程度上存在成膜温度高、胶膜硬度低、抗回黏性差、耐水性不好、附着力差，限制了其在文物保护领域中的应用[52, 53]。因此，需要对其进行改性以便达到与文物更好的相容性。

（1）有机硅改性聚丙烯酸酯

聚丙烯酸酯是一种黏结性强、成膜性高的高分子材料，具有良好的耐油性、耐氧化性和耐候性，对极性和非极性表面均具有很强的附着力，而且原料来源丰富、生产易于实施，在乳液研究和生产领域占有特殊地位。有机硅材料具有优异的耐高低温性、耐水性以及低表面张力和表面能，正好能弥补聚丙烯酸酯的不足。有机硅改性丙烯酸酯乳液（简称硅丙乳液）主要是利用含有不饱和双键的有机硅单体与丙烯酸酯单体进行乳液共聚来制备。利用 Si—O 键具有良好的柔韧性，可形成表面能低、表面张力小的链段，使硅丙乳液具有优异的耐水性、耐候性、耐温变性、耐污染性、耐洗刷性，已广泛用于建筑外墙涂料，并逐渐取代溶剂型涂料和高固体分涂料。例如，万涛等[54]采用微乳液自由基共聚法制备了一种有机硅改性丙烯酸酯微乳液土遗址表层保护材料。产品为半透明或透明状，稳定性较好，基本不影响土遗址表面形貌，并具有渗透快，渗透深度可控的优点，是一种适用于潮湿环境土遗址表层的新型室温加固保护材料。

（2）聚丙烯酸酯-有机硅-环氧树脂复合体系

环氧树脂具有强度高、黏附性好的特性，但其户外耐候性较差。用环氧改性丙烯酸酯树脂，在环氧树脂分子链的两端引入丙烯基不饱和双键，然后与其他单体共聚，得到的乳液既具有环氧树脂的高模量、高强度、耐化学品性和优良的防腐蚀性，又具有丙烯酸酯树脂的光泽、丰满度和耐候性好等特点。例如，肖维兵等[55, 56]结合成都金沙土遗址独特的赋存环境，采用自由基溶液共聚和溶胶-凝胶法合成了一种聚丙烯酸酯-有机硅-环氧树脂有机-无机杂化材料加固剂。研究表明，所制备的三元复合加固剂集三组分的优势于一体，在不影响土样颜色和透气性的前提下，其耐溶剂性、抗水解性和安定性有明显改善，对土样具有良好的加固效果。通过控制环氧树脂和有机硅的加入量，加固剂的加固效果可根据使用对象的不同而进行调整。

（3）氟硅改性聚丙烯酸酯

有机氟改性丙烯酸树脂涂料既保留了丙烯酸树脂涂料良好的耐碱性、保色保光性、涂膜丰满等特点，又具有有机氟涂料耐候、耐污、耐腐蚀及白洁的优点，是一种综合性能优良的涂料，具有广泛的应用前景。2009 年，汪海港[57]采用半连续核壳乳液聚合法设计合成了氟硅改性聚丙烯酸酯系列加固保护剂，并将其用于浙江良渚遗址南城城墙土的加固保护，在不明显改变土样外观的前提下，土块的透气性、抗水解性、耐酸碱性、耐盐性和抗压强有所提高，能够满足潮湿环境土遗址保护材料的一般性能要求。

（4）纳米材料改性聚丙烯酸酯

纳米材料是指在三维空间中至少有一维处于 1~100nm 范围的材料。纳米材料具有表面效应、小尺寸效应和宏观量子隧道效应等特殊性质，可以使材料获得新的功能。涂料中添加纳米级颜填料后，由于纳米颜填料粒子能够吸收紫外光的作用，增强涂料的耐老化性能，同时还具有光催化性能、疏水疏油性能、高韧性、高耐擦洗性、高附着力等，使得涂料的综合性能得到大幅度的提高。近年来，纳米材料已广泛地应用于丙烯酸树脂的改性研究，呈现出如自清洁、抗静电、抗菌杀菌和吸波隐身等特殊性能，使丙烯酸酯乳液向着绿色环保方向发展。

（5）聚氨酯改性聚丙烯酸酯

聚氨酯涂膜具有高的机械耐磨性、丰满光亮、耐化学品性能好、耐低温、柔韧性好、黏结强度高等优点，但是水性聚氨酯胶膜耐候性、耐水性差，力学强度不及丙烯酸酯乳液。将水性丙烯酸酯和聚氨酯复合，能够克服各自的缺点，使涂膜性能得到明显地改善引，而且成本较低，具有广泛的应用前景。

3. 丙烯酸类树脂在生土类建筑保护中的应用案例

丙烯酸树脂应用在文物保护领域始于 20 世纪中叶。1968 年意大利学者首次将丙烯酸树脂用于 Siena Cathedral 教堂门框雕刻的加固保护，印度蒙黛拉太阳神庙的加固也是使用聚甲基丙烯酸甲酯的甲苯溶液[58]。近半个世纪以来，丙烯酸树脂被广泛用作壁画、丝织品、石质文物等的加固剂、黏结剂和封护剂。目前 Paraloid B72（简称 B72，由 66% 甲基丙烯酸乙酯和 34% 丙烯酸甲酯组成的聚合物）是文物保护领域应用较广泛、效果较好的丙烯酸树脂，此处还有 Primal AC33（简称AC33，是丙烯酸甲酯和甲基丙烯酸甲酯的共聚物）及聚甲基丙烯酸甲酯等[59]。近年来，多种改性丙烯酸树脂和复合丙烯酸树脂也得到较好的应用。例如，在文物保护领域将光稳定剂加入丙烯酸树脂中能提高材料的耐光老化性，延长使用寿命。龚德才等[60]在对无地仗层彩绘的典型代表常熟彩衣堂木构件上彩绘进行保护加固时，所用 B72 中加入了二苯甲酮紫外线吸收剂 UV-9（2-羟基-4-甲氧基二苯甲酮），使其具有良好的耐光老化性能。彩衣堂彩绘经上述保护处理后，手触无掉粉现象，彩绘颜色无任何改变。赵静等[61]在对唐代墓葬和彩陶文物保护时，选用 2%UV326紫外线吸收剂改性 B72 进行加固保护，拓展了彩绘文物加固材料的种类，加固效果优于 B72。贾京健等[62]将丙烯酸乳液型外墙涂料应用于故宫英华殿的维修工程中取得良好的效果。设计的涂料由渗透型底漆和外墙面漆组成。渗透型底漆是由特殊丙烯酸乳液和多种添加剂组成的水性透明底漆，不含颜料，具有很好的渗透性能，可以有效渗入墙体抹灰层中，在加固抹灰层、提高抹灰层强度的同时，提高了面漆的附着力，有效地防止了涂层脱落现象。外墙面漆是由丙烯酸乳液、耐候性优秀的金红石钛白粉和其他颜料、多种添加剂组成的水性外墙涂料，具有很好的保色性和抗粉化性能，附着力好、遮盖力强、耐气候老化性好。赵胜杰等[63]将有机硅改性丙烯酸树脂（简称 BS）用于高昌故城土遗址夯土和土坯加固中，经 BS 系列加固剂加固后土体试样的物理及力学性质有明显改善。土遗址经 BS 系列加固剂加固后，胶体颗粒通过填充孔隙和土颗粒表面的附着，合胶体颗粒与土料和填料紧密连接成网状结构，构成统一的整体，增强了土体的密实度和结构强度，使土体抵抗变形的能力都有明显的改善，同时还保持了一定透水透气性，满足土遗址加固材料的要求。

2.3　供刘氏房祠使用的生土保护剂研发

2.3.1　桐油对夯土吸水率的影响研究

　　刘氏房祠原本的夯土墙体中添加了桐油,使得墙体的强度和防水性能得到提高。本研究的目的在于测试不同桐油添加量对刘氏房祠生土的毛细吸水率的影响，找到最优配方，为修复工作提供参考和依据。

　　毛细吸水系数是定量地描述单位时间、单位面积材料通过毛细作用的吸水量。与饱和吸水率相比，毛细吸水系数不仅描述材料的吸水能力，而且描述材料的吸水

速度，是遗产保护中重要的物理参数之一。其计算公式为

$$\omega = M/(S \cdot \sqrt{H}) \tag{2-10}$$

式中　　ω——单位时间单位面积材料的吸水系数，$kg/m^2 \cdot h^{\frac{1}{2}}$；

　　　　M——吸水质量，kg；

　　　　S——有效吸水面积，m^2；

　　　　H——对应一定吸水量所需要的时间，$h^{\frac{1}{2}}$。

实验所用原料和配方如表2-5所示。

表2-5　实验模块材料配比及桐油添加量

	模块编号	T1	T2	T3	T4
实验模块原材料配比（%）	CL	10	10	10	10
	NHL2	10	10	10	10
	30~60目河沙	20	20	20	20
	井冈山生土	60	60	60	60
生桐油添加量（wt%）		0	3	6	15

实验基本步骤为：

（1）取样（刘氏房祠周边新土）、选土、烘干、研磨、筛分；

（2）按不同配比称量原材料、混合均匀、制备夯土模块、夯实，模具尺寸16cm×4cm（图2-10）；

（3）2天后脱模，用密封袋包扎，放入水中养护15天；

（4）取出养护好的夯土模块，105℃烘干后，进行毛细吸水率测试（图2-11）。

不同桐油添加量的夯土配比毛细吸水率系数实验结果见表2-6和图2-12。

图2-10　制备夯土模块

图2-11　毛细吸水率测试

表 2-6　不同配比夯土毛细吸收率系数实验结果

模块编号	T1-1	T1-2	T2-1	T2-2	T2-3	T3-1	T3-2	T4-1	T4-2	T4-3
添加量（wt%）	0		3			6		15		
毛细吸水系数	8.7	8	6	6.1	5.2	5.9	4.7	8.9	8	5.7
平均毛细吸水系数	8.35		6.05			5.3		7.5		

实验结果表明，在井冈山生土中添加生桐油，可以降低夯土的毛细吸水系数；添加 6% 桐油量的 T3 配方的毛细吸水率系数最低，为 5.3kg/（$m^2 \cdot h^{\frac{1}{2}}$），而未加入桐油配方 T1 的毛细吸水率系数最高，为 8.35kg/（$m^2 \cdot h^{\frac{1}{2}}$），但桐油的添加量并非越大越好，

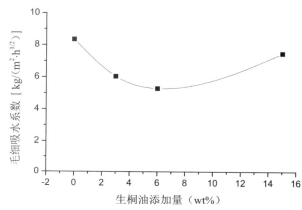

图 2-12　桐油添加量与毛细吸水系数的关系

最优添加量应为 5%~6%，超过之后生土的吸水率反而增大。李敏、张虎元等[39] 研究了石灰–桐油–黏土复合材料不同配比的抗水性和强度，得出结论黏土中桐油添加量以 5% 为宜。两个实验结果基本一致，为修复刘氏房祠门窗洞口及缺损等工作提供了可靠的参考依据。

2.3.2　桐油改性的硅丙乳液生土加固保护剂的研发

本研究的目的在于用甲基丙烯酸甲酯（MMA），丙烯酸丁酯（BA），甲基丙烯酸羟乙酯（HEMA）为主单体，以 γ–甲基丙烯酰氧基丙基三甲氧基硅烷（KH570）为主改性剂，并添加适量的桐油、松香为辅助改性剂，采用种子乳液聚合法，制备一种性能稳定的桐油–松香–有机硅复合改性的核壳型硅丙乳液标语保护剂，以期拓宽有机硅改性丙烯酸酯乳液在红色标语保护等生土类建筑上的保护应用。

课题组在单体种类及配比、乳化剂种类和配比、引发剂种类和配比、主改性剂有机硅的种类及配比、乳液聚合工艺等单因素水平筛选的基础上，通过正交优化，得到了此类改性硅丙乳液的最佳制备工艺条件。

本实验中微乳液聚合反应的通用工艺流程如图 2-13 所示。

通用合成步骤是：在装有冷凝器、回流冷凝管和恒压漏斗的三口瓶中加入乳化

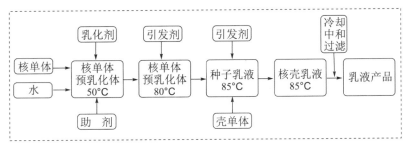

图 2-13　种子乳液聚合反应工艺流程图

剂、缓冲剂和去离子水并于 50℃下搅拌至澄清透明，乳化 30min。然后开始滴加 1/3 的混合单体，加完后慢慢升温至 80℃，再开始滴加 1/3 的引发剂水溶液。待聚合微乳液呈蓝光时，开始同时滴加剩余的 1/3 混合单体和引发剂，控制滴加速度在 2h 左右滴完（在最后剩余 10% 混合单体时，同步加入有机硅改性剂、桐油和松香改性剂），在设定时间内滴加完毕后，反应 1h 再升温至 85℃，保温继续反应 2h 后结束反应，冷却至 35℃以下，用氨水调节 pH 值到 7~9，过滤，得淡蓝色的产品微乳液。

按照通用合成步骤，分别合成了只含有机硅改性的产品 F30915，含有机硅和桐油改性的产品 F30916，含有机硅和松香改性的产品 F30917，以及含有机硅、桐油和松香复合改性的产品 F30918。四种不同加固剂的相关性能如表 2-7、表 2-8 所示。

表 2-7　四种微乳液产品的粒子粒径分布对照表

产品名称	平均半径 r/nm	PdI	D(i, 10)/nm	D(i, 50)/nm	D(i, 90)/nm	D(n, 10)/nm	D(n, 50)/nm	D(n, 90)/nm	D(v, 10)/nm	D(v, 50)/nm	D(v, 90)/nm
F30915	20.54	0.517	15.3	62.7	244	2.8	4.15	6.21	3.12	5.11	13.1
F30916	15.39	0.583	8.04	46.7	1280	2.19	3.25	5.27	2.47	4.05	8.38
F30917	19.22	0.519	14.6	59.2	274	2.48	3.81	12.4	2.77	5.25	18
F30918	20.84	0.596	8.7	64.3	2570	1.68	3.39	5.14	2.01	4.18	8.2

从表 2-7 中可见，所合成的四种微乳液产品的粒子都在纳米级水平，且粒子粒径分布相对集中，可见微乳液是十分稳定的。实践表明：大部分产品在室内存放三年后仍表现中原有的稳定性，乳液不变色、不沉降、不凝聚。

从表 2-8 中可见，所合成的四种微乳液产品综合性能优异，各项指标都超过了目前市面上优级内墙涂料的标准要求。

表 2-8　四种微乳液产品的基本性能参数对比

项目名称	单位	F30915	F30916	F30917	F30918	检测依据
颜色	—	乳白色 无异常	乳白色 无异常	乳白色 无异常	乳白色 无异常	GB/T 11186—1989
外观及透明度	级	2	2	2	2	GB/T 1721—2008
固体含量	%	25	26	27	26	GB/T 1725—2007
表干	min	30	30	30	30	GB/T 1728—1979
实干	h	2	2	2	2	GB/T 1728—1979
附着力	级	1	1	1	1	GB/T 1728—1979
柔韧性	mm	1	1	1	1	GB/T 1731—1993
耐冲击性	cm	50	50	50	50	GB/T 1732—1993
铅笔硬度	—	2H	3H	H	H	GB/T 6739—2006
耐水性 （常温，168h）	—	无起泡脱落等 异常	无起泡脱落等 异常	无起泡脱落等 异常	无起泡脱落等 异常	GB/T 1733—1993
耐碱性	—	无起泡脱落等 异常	无起泡脱落等 异常	无起泡脱落等 异常	无起泡脱落等 异常	GB/T 9265—2009
耐洗刷性 （2000 次）	—	无异常	无异常	无异常	无异常	GB/T 9266—2009
耐沾污	—	无异常	无异常	无异常	无异常	GB/T 9780—2005
闪点	℃	65	63	62	62	GB/T 5208—2008

　　冷冻-熔融循环实验能衡量一个产品抗冻性能，图 2-14 是四种微乳液产品的冷冻-熔融循环实验结果对照图。其方法是，将经加固剂处理与未处理的土块试样（50mm 直径，24mm 高）置于-20℃冷冻 12h，室温熔融 12h，经过 10 个循环后，看其稳定性情况。结果表明，F30915，F30917 两个产品经

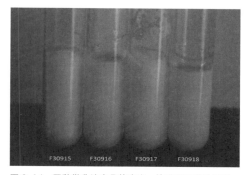

图 2-14　四种微乳液产品的冷冻-熔融循环实验结果

过 10 个冷冻-熔融循环实验后无法恢复乳液原状，乳液变成了凝胶。而 F30916，F30918 两个产品经过 10 个冷冻-熔融循环实验后完全恢复乳液原状，各方性能不变，冻融稳定性很好。而且这两个样品在放置半年后还能保持稳定。这两个稳定性高的产品都是添加了桐油改性的，由此可见，桐油改性剂的加入和共聚，使微乳液的冷冻-熔融稳定性显著增加。

　　四种产品的热重分析结果如图 2-15 所示。从热重分析数据可见，四种产品的热稳定性都很好，在 300℃以下的平稳失重，失重率都小于 5%，这应该是薄膜中微量的自由水分丢失所致。在 365℃ ~370℃发生分解，失重陡然加速，即为该类

树脂的分解温度，到达 460℃以上时，质量剩余在 10% 以内，是一些无机氧化物残渣构成。四种产品的热稳定性非常相似，TG 曲线几乎完全重叠在一起。

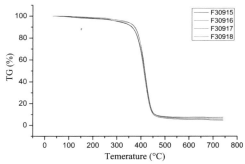

图 2-15　四种产品热重分析数据叠加图

从四种产品的差热分析图（图 2-16）可以看出，四种产品中都有含有微量的低分子量溶剂，随着溶剂的蒸发热流发生一些细小的变化，但都没有出现明显的相变，结合热重分析结果也得到了进一步的证实。

表 2-9 是四种不同产品的加固耐压强度测试结果，由此可见，重塑土柱在受到清水完全渗透以后，其强度明显下降，下降率约 23%。重塑土柱在被加固液完全渗透以后，相对于未

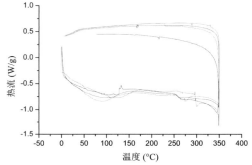

图 2-16　四种微乳液产品差热分析数据对比

被干扰的空气空白样来说，抗压强度都有一定的提高，相对于清水空白样来说，增强百分率在 1%~55%。对于每一种微乳液产品来说，浓度不同时，加固效果不同。

表 2-9　四种不同产品的加固耐压强度测试结果

编号	前质量/g	后质量/g	高度/mm	直径/mm	加固剂	加固量/g	强度测定/MPa	增强百分率	增强百分率
1	90.835	90.534	24	50	空气空白	0	276	空气	—
2	86.783	86.288	24	50	清水空白	10.136	213	-22.83%	清水
3	90.997	90.827	24	50	1∶9-F30915	9.1936	279	1.09%	30.99%
4	90.197	90.024	24	50	1∶9-F30916	9.0456	317	14.86%	48.83%
5	88.687	88.453	24	50	1∶9-F30917	7.3429	308	11.59%	44.60%
6	91.282	91.065	24	50	1∶9-F30918	7.9985	253	-8.33%	18.78%
7	90.551	90.469	24	50	1∶6-F30915	11.4450	255	-7.61%	19.72%
8	88.960	88.823	24	50	1∶6-F30916	9.8124	329	19.20%	54.46%
9	89.460	89.181	24	50	1∶6-F30917	6.2466	300	8.70%	40.85%
10	91.436	91.118	24	50	1∶6-F30918	5.3612	264	-4.35%	23.94%
11	87.354	87.113	24	50	1∶3-F30915	6.7761	215	-22.10%	0.94%
12	89.919	89.599	24	50	1∶3-F30916	5.1096	325	17.75%	52.58%
13	90.596	90.335	24	50	1∶3-F30917	6.9078	233	-15.58%	9.39%
14	88.407	88.125	24	50	1∶3-F30918	5.8544	255	-7.61%	19.72%

加固效果最好的是 1 : 6 的配方产品，但表面已有成膜；加固效果最差的是 1 : 3 的产品，且表面严重成膜；加固效果较好，又不成膜，即综合效果最好的是 1 : 9 的编号为 F30916 的产品。

为考察所合成的四种微乳液产品的环境毒性，课题组将四种产品送到化学工业合成材料老化质量监督检验中心进行环境毒性检测，其结果如表 2–10 所示。检测结果表明，所合成的四种微乳液产品中有害物质限量都在内墙涂料限量标准以下，VOC 含量只有限量标准的 1/6。因此，相关的四个产品都完全达到了环境友好的无毒无害要求。相关的产品在刘氏房祠示范点上应用实践表明，加固保护效果良好，并获批中国发明专利两项[64, 65]。

表 2–10　四种微乳液产品的有害物质检测结果

项目名称	单位	标准 *	F30915	F30916	F30917	F30918
产品颜色	—	—	乳白色	乳白色	乳白色	乳白色
挥发性有机化合物（VOC）	g/L	≤ 120	19	22	20	18
游离甲醛	mg/kg	≤ 100	未检出	未检出	未检出	未检出
苯、甲苯、乙苯、二甲苯总和	mg/kg	≤ 300	未检出	未检出	未检出	未检出
可溶性铅（Pb）含量	mg/kg	≤ 90	未检出	未检出	未检出	未检出
可溶性镉（Cd）含量	mg/kg	≤ 75	未检出	未检出	未检出	未检出
可溶性铬（Cr）含量	mg/kg	≤ 60	未检出	未检出	未检出	未检出
可溶性汞（Hg）含量	mg/kg	≤ 60	未检出	未检出	未检出	未检出

注 *：表中数据是依据 GB18582—2008《室内装饰装修材料内墙涂料中有害物质限量》标准"水性墙面涂料"指标检验所得。测定条件是：环境温度：23℃ ±3℃，相对湿度：55% ±5%。

2.3.3　正硅酸乙酯控制水解预聚物生土加固保护剂的研发

在本课题研究中，课题组根据井冈山地域夯土墙体化学组成的特征，经过小试研发、中试生产，以四氯化硅为原料，采用间歇工艺成功生产了适合于本课题示范点刘氏房祠夯土墙体（面）上红军标语保护与加固用的正硅酸乙酯预水解聚合物保护剂——KSE 增强剂 OH300。特别是与微米石灰复配使用时，效果很好。

KSE 增强剂 OH300 生产的基本原理是通过四氯化硅与乙醇、水反应生成正硅酸乙酯及一定比例的水解预聚物，再添加固化剂加速固化而成，生产所得的副产品氯化氢通过尾气吸收工艺制成盐酸，总反应方程式为：

$$n\,SiCl_4 + (n-1)H_2O + (2n+2)EtOH \longrightarrow EtO[Si(OEt)_2]_{2n}OEt + 4n\,HCl$$

$$(2\text{–}11)$$

KSE 增强剂 OH300 的合成步骤主要包括：醇解和水解工序、中和精馏工序、复配成品工序和尾气吸收工序。

1. 四氯化硅的醇解和水解工序

四氯化硅的醇解和水解过程包括乙醇配料、四氯化硅计量、投料反应、中转压料、赶酸五个部分。首先将指定量的乙醇（无水乙醇或食用酒精）、低沸点溶剂、水按一定的比例混合进入乙醇配料罐，然后将定量的四氯化硅从塔顶加入开始反应。反应完毕后，通过压料罐将物料压入赶酸釜赶酸，赶酸产生的低沸物返回低沸物储罐配料用，赶酸完毕后，将物料压入中和釜，进行下一步工序。

2. 中和精馏工序

中和精馏工序，包括中和压滤、精馏、二次脱色压滤三个部分。首先将中和釜中的物料中和到中性或微碱性，然后加入活性炭，通过压滤机将物料压入精馏釜，精馏釜母液经板式换热器冷却后进入脱色釜，加入活性炭脱色后压滤得到硅酸乙酯。

3. 复配成品工序

工序 2 制备出的硅酸乙酯，从储蓄罐经导流管进入搅拌器，添加固化助剂，经搅拌混合（搅拌器采用低温水循环降温处理，循环水温度不超过 30℃），即得 KSE 增强剂 OH300。产品主要技术指标为：

主要成分：硅酸乙酯及其预聚物

密度（20℃）：1.0~1.1 g/mL

SiO_2 生成量：≥ 200 g/L

黏度：11s（GB/T1723-93 涂料粘度测定法：涂-4 杯）

4. 尾气吸收工序

尾气吸收工序是将反应和赶酸工序产生的氯化氢通过纯水吸收，制得 31% 的盐酸，作为副产品另作它用。

2.3.4 微米石灰乙醇保护剂的研发

课题组根据井冈山夯土墙体化学组成的特征，经过小试研发，中试生产，以德国进口 IBZ Salzchemie GmbH 公司生产的 CaLoSiL E50 为原料，利用超声波分散法，制备了一种微米石灰乙醇溶液辅助保护剂。经示范点现场试用，单独使用时变白明显，保护效果不佳，但当其与正硅酸乙酯控制水解预聚物联合使用后效果很好。具体制备工艺为：

（1）微米石灰的制备工艺

使用原材料德国进口 IBZ Salzchemie GmbH 公司生产的 CaLoSiL E50，按照使用需要，添加不等的乙醇，经过超声波搅拌器，搅拌后使用。

（2）成品技术要求

状态：膏状

颜色：乳白色

有效成分：Ca（OH）$_2$

溶剂类型：有机醇类，推荐溶剂为无水乙醇。

原浆固含量：根据需要现场调制。

储存于干燥、阴凉区域，在 $0 < n \leqslant 20℃ \sim 25℃$ 的环境中，保质期为 12 个月。

特别提示：若长时间放置出现沉降，可通过震荡或超声分散后使用。

经测试，所制备的微米石灰的粒径分布如图 2-17 所示。

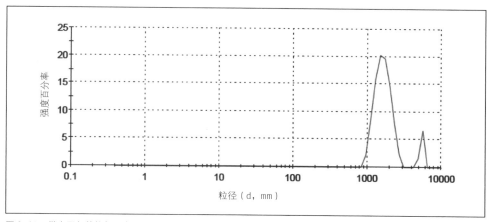

图 2-17　微米石灰的粒径分布图

第3章 刘氏房祠建筑材料特点及其病害

3.1 生土材料的基本特性

刘氏房祠墙体由生土夯筑而成，生土是指覆盖在大地表层散碎的、没有胶结或胶结很弱的固体颗粒堆积物，是由地球表面裸露在大气中的整体岩石经受长期的风化作用后形成的。由于地理、气候等因素的影响，不同地域的生土的性质、成分也会产生巨大的差别。生土作为一种普遍使用的建筑材料，其特性主要表现在其颗粒构成、黏结性、聚密性和塑性等几个最重要的方面。

生土本身就是一系列不同直径的颗粒物，所以颗粒的粒径大小和比例构成很大程度上影响着生土的基本性能。按岩土颗粒粒径大小可以将其分为石块、石砾、粗砂、细砂、粉土和黏土。一定比例的粗糙颗粒起着材料结构性的骨架作用，但大颗粒之间不容易黏结，若含量过高会造成建筑物的坍塌和倾圮，需要加入颗粒细小的材料来弥补；而若小颗粒比例过高，则会造成构件强度不足和开裂。

由于生土在自然界中是以松散的状态存在，所以黏结性和聚密性也十分重要。生土材料的黏结性主要表现于固体颗粒与水的结合，生土是颗粒组成的，孔隙间能容纳水分，当水分渗入土体内部，吸附在颗粒表面上而形成水膜。黏土是粒径最小的一种岩土颗粒，在湿润状态下，颗粒间水膜的引力将颗粒排列有序地黏结起来。用显微镜观察适用于建造的黏土，发现其呈层片状的结构增大了表面水膜的面积，能够有效地将生土中的其他颗粒黏结成一个整体[66]。所以适当比例的水是生土材料的天然黏结剂，如果含水率过低，则无法填充颗粒间的孔隙，从而带动颗粒有序排列，造成土体松散；而含水率过高，土体中游离自由水过多，会使生土难以夯实，且干燥后极易开裂。黏土的黏结性最高，但并不意味着土体中黏土比例越高越好。因为如果黏土多，那么需要的水分也多，建造过程中的干燥不均匀非常容易使建筑产生裂缝。聚密性反映的是生土壤降低自身孔隙率方面的能力。一般来说，孔隙率越低，材料密度越大，强度越高，防水性能越好。因此通过夯击造成的震动和挤压可以排除孔隙中的空气，使材料密实，吸湿性降低，结构强度和耐久性都得以提升。

塑性是指生土在受力后结构没有崩解之前的变形能力，反映了成形的难易程度和受外力时的安全性。一般来讲，矿物颗粒和有机物含量较多，塑性也会增大。

生土的这些基本特性可以通过野外测试和实验室测试来判定，虽然目前我国还

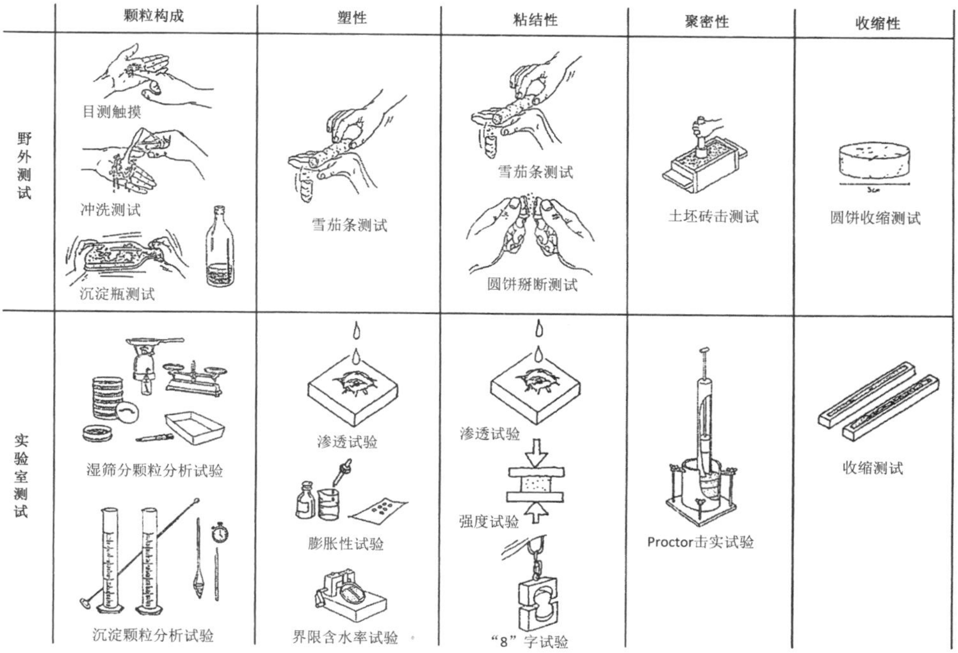

	颗粒构成	塑性	粘结性	聚密性	收缩性
野外测试	目测触摸 冲洗测试 沉淀瓶测试	雪茄条测试	雪茄条测试 圆饼剪断测试	土坯砖击测试	圆饼收缩测试
实验室测试	湿筛分颗粒分析试验 沉淀颗粒分析试验	渗透试验 膨胀性试验 界限含水率试验	渗透试验 强度试验 "8"字试验	Proctor击实试验	收缩测试

图 3-1　生土材料性能测试方法示意图

没有针对生土作为建筑材料的性能测试方法标准，但可参考和借鉴土工的试验方法和国外已有的试验方法，如图 3-1[66] 所归纳的由法国 CRAterre 总结的一套生土材料测试方法。

3.2　刘氏房祠夯土墙体的材料构成

为了给修复实验及保护方案设计提供可靠的参考，课题组根据《土工试验规程》（SL237—1999）分别对刘氏房祠周边新土（井冈山生土）和刘氏房祠墙体夯土（刘氏房祠墙土）进行了取样以及基本特性分析，分析结果如表 3-1 所示。

由表 3-1 可见，用于建造刘氏房祠的生土中细小颗粒的含量要明显多于周边环境中的生土，塑性和黏结性都比较高。

当然，生土的特性也可以通过添加其他物质来改善，例如刘氏房祠的生土中就添加了麦秸、竹片等植物纤维以增加生土之间的拉结作用，有的地方则通过加入红糖、糯米、蛋清等来提高生土黏结性；刘氏房祠的生土中也加入了石灰，石灰能够与黏土中的主要成分二氧化硅反应，形成水化硅酸钙，增强土体的抗水性和抗冻融性；刘氏房祠的生土中还添加了桐油，降低了土体的吸水率，而强度、抗冻融性、

表 3-1　井冈山及刘氏房祠生土性能测试结果

序号	检测项目		单位 井冈山生土	检测结果	
				刘氏房祠墙土	
1	颗粒构成（mm）	0.1~0.25	%	3	4
		0.075~0.1	%	7	10
		0.01~0.075	%	47	28
		0.005~0.01	%	6	4
		< 0.005	%	37	54
2	液限		%	35	38.9
3	塑限		%	17.3	20.5
4	塑性指数		%	17.7	18.4
5	含水率		%	23.3	20.2
6	击实试验	最大干密度	g/cm³	1.85	1.76
		最优含水率	%	15.3	18.5
7	灼热减量		%	3.22	3.87

抗干湿劣化性能得到显著提高。

　　另外，课题组参照 Wisser & Knoefel（1987）方法，对刘氏房祠建筑夯土墙体表面抹灰的砂浆材料组分及含量进行了检测与分析。其原理是通过对石灰类砂浆的酸化和碱化处理，依次使其中的碳酸钙、水硬性组分（碱化过程可溶解的 SiO_2，Al_2O_3，Fe_2O_3 等）与骨料分离，然后进行筛分，最后根据质量的变化对石灰砂浆中现有及原始各组分含量进行定量分析（图3-2）。

　　实验结果表明（表3-2），刘氏房祠的夯土外墙面有两层对墙体起到保护作用的石灰表皮，底层为石灰砂浆抹灰，面层为添加少量黏土的石灰粉刷。石灰砂浆层厚度约5~6mm，不同时期修复的材料成分构成稍有不同，其中含有少量棉花纤维作为拉结材料（图3-3），墙裙部分加有

图 3-2　刘氏房祠石灰表皮结构分析过程图

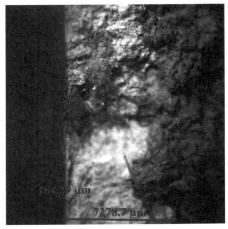

图 3-3　显微镜（125 倍）下的表皮构造

桐油，而承载着革命标语的石灰面层厚度约 0.2~0.5mm，墙裙部分添加了桐油。

表 3-2　刘氏房祠夯土墙体抹灰层及面层材料构成检测结果

	粒径（mm）	单位	抹灰层 （厚度 5~6mm）	粉刷层 （厚度 0.5~1mm）
颗粒	＜ 0.063	%	13.31	55.82
	0.063~0.125		3.93	15.28
	0.125~0.25		3.07	5.55
	0.25~0.5		11.15	9.38
	0.5~1.0		28.76	10.76
	1.0~2.0		27.68	3.22
	2.0~3.0		6.12	0.00
	＞ 3.0		3.89	0.00
	备注	—	多个样品平均值	多个样品平均值
其他	棉花纤维	—	含	不含
	桐油	—	含（墙裙部位）	含（墙裙部位）

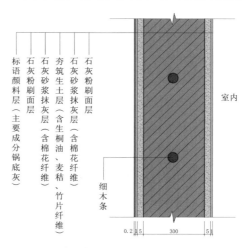

图 3-4　刘氏房祠墙体构造层次示意图

通过以上实验可知，刘氏房祠夯土墙体由外至内的构造层依次为：石灰粉刷面层（0.5~1mm）→石灰砂浆抹灰层（5~6mm）→夯筑生土层（300~320mm）→石灰砂浆抹灰层（5~6mm）→石灰粉刷面层（0.5~1mm）→标语颜料层（0.1~0.3mm）（图3-4）。夯土层是建筑的结构承重部分，石灰砂浆层和粉刷层则保护着土体不直接受到自然的伤害，建筑的主要特征要素革命标语层依附于石灰面层上，所有的这些构造层次形成一个夯土墙整体。

根据当地人介绍，刘氏房祠夯土墙面上的红军时期革命标语是以杉树皮作笔、锅底灰作颜料书写出来的，现场勘查和取样后实验室观察分析证实了这一说法。锅底灰的主要成分是碳黑，书写出来的标语颜色饱满、亚光、有颗粒感，并能够看出杉树皮留下的特殊笔迹（图3-5，图3-6）。

图 3-5　锅底灰书写的标语及树皮痕迹

图 3-6　现场采集锅底灰

3.3　刘氏房祠主要病害特征及其破坏机制

3.3.1　裂缝、坍塌

　　裂缝是生土类建筑遗产最常见的材料病害之一，刘氏房祠的西立面和东立面墙体均存在较为严重的竖直裂缝，裂缝宽度已达到 10~30mm（图 3-7，图 3-8）。强烈昼夜温差引起的材料反复胀缩、四季冻融循环以及风吹日晒都可能会引起表面抹灰开裂，而用版筑法建造的夯土建筑本身就存在水平向的版筑缝，雨水顺着表皮裂缝灌进夯土墙中，土体受潮后不均匀干缩，沿版筑缝周围出现纵横交错的小裂隙，这些裂隙进一步扩展劣化形成裂缝。此外地震等自然灾害、地基的不均匀沉降、荷载的变化等因素都会造成墙体开裂，裂缝处容易受到风沙、雨水的侵蚀，植物也容易在裂缝中生长。产生了裂缝的墙体抵御自然侵害的能力下降，结构容易失稳，若不及时采取保护措施，则存在着坍塌的危险。

图 3-7 西立面上的裂缝

图 3-8 东立面上的裂缝

  坍塌是非常严重的病害，通常由于年代久远又长期承受荷载压力，建筑的结构稳定性和材料的耐久性下降，或遭遇极端自然条件引起。风化、裂缝等其他建筑病害持续恶化发展也可能会造成结构崩解。刘氏房祠东耳房屋面大面积垮塌，部分外墙、室内地面以及木构件完全暴露于风雨中，导致地面长满青苔，檩条受潮发霉，丛生杂草，外墙随时有倾圮的可能，受损非常严重（图 3-9，图 3-10）。

图 3-9　东耳房坍塌的屋面

图 3-10　东耳房破坏情况

3.3.2　孔洞

　　许多建筑遗产在历史上都曾被挪作他用，为了满足其他功能与需求，人为开洞的现象十分普遍。刘氏房祠曾被作为商店和居住空间使用，为满足基本功能划分和采光需求，东立面上人为开设了两个窗洞和两个门洞（图 3-11），西立面上人为开设了一个窗洞和两个门洞（图 3-12），南立面上人为开设了一个窗洞，同时墙面上还有许多曾经增设结构支承构件而遗留下来的槽口。建筑遗产墙面上的孔洞不

图 3-11　东立面上的人为开洞

图 3-12　西立面的人为开洞

仅破坏了建筑的原始风貌，还成为了结构的薄弱部分，尤其后期人为开设的门窗洞缺少过梁，降低了原本墙体的结构稳定性，使墙体容易开裂。同时这些孔洞使得冷空气和风雨容易侵入，原有夯土墙体的热工性能下降，孔洞周边易发生冷桥现象，致使表皮受潮发霉或起壳脱落。除人为开洞外，鸟、虫、鼠、微生物也可能为了生存而在夯土建筑的墙体上打洞，对建筑遗产造成破坏。

3.3.3 空鼓

空鼓是一种隐蔽性较强的病害，主要是指由于砂浆黏结性能减弱或丧失而造成抹灰层内部脱开或者抹灰层与夯土层脱离，而形成空腔的现象。刘氏房祠历经两百年的自然风化，墙体各个构造层之间原有的黏结程度逐渐降低，同时，在砂浆层和夯土墙内部水盐运移以及不均匀干缩等其他因素的影响下，夯土层产生变形，最终导致空鼓的形成（图3-13）。

空鼓病害通常会引起石灰表皮鼓起、开裂，如不及时采取保护手段，则会在重力的作用下不可预测地脱落。一般来说，对空鼓病害的检测方法主要是根据敲击建筑表皮所发出的声音差别或所产生的震感异同来判断空鼓的范围与程度（图3-14）。在刘氏房祠的空鼓病害勘察调研中，课题组尝试采用钻入阻力仪检测空鼓程度（详见6.5.1节），采用红外热成像技术检测空鼓范围（详见6.5.3节）。

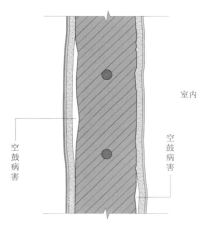

图3-13　空鼓病害示意图

图3-14　采用传统敲击法确定的空鼓范围

3.3.4 剥落

常年自然风化会导致生土类建筑遗产墙体的各个构造层之间黏结程度降低，最终在重力及外界条件循环变化的作用下剥落。表皮的空鼓和裂缝若不能得到及时处理，往往会发展为剥落病害，表皮剥落后的夯土墙体丧失保护层而裸露在外，又可能恶化为土体劣化、开裂等其他更为严重的病害。刘氏房祠东耳房墙体后部砂浆层大面积剥落，夯土墙体已产生裂缝，表面布满坑洼，受损程度较高。南立面的革命标语也随着石灰砂浆层的剥落而缺损严重（图3-15）。

另一方面，石灰面层与标语颜料层存在着因附着力减小而剥落的现象。目前

图 3-15　南立面砂浆层剥落

墙面上革命标语看上去字迹模糊、颜色黯淡，并非由于本身颜料的褪色或变色，而是由于石灰表面失去附着力粉化剥落所造成的视觉影响（图 3-16，160 倍显微镜下的照片），黑色部分为书写革命标语的锅底灰颜料，土红色部分是颜料层剥落后露出的石灰面层，白色部分是石灰面层和颜料层一同

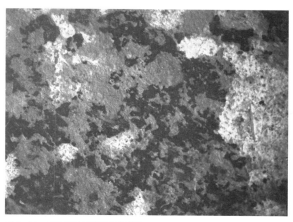

图 3-16　石灰面层与颜料层剥落

剥落后露出的砂浆层。锅底灰的主要成分为碳，具有非常好的耐候性。通过观察，标语的暗淡是锅底灰的脱落及后期污染物的覆盖，而非紫外线等破坏。

3.3.5　风化、粉化

　　生土类建筑遗产在自然环境中，常年遭到风沙的侵蚀，而强风中所带有的沙石等物质与建筑的石灰表皮发生直接碰撞，使得表面结构变为疏松的层片状或粉末状，经风吹、日晒、雨淋后极易脱落。若墙体的抹灰层已经剥落，则风化现象表现为夯土墙体表面被磨蚀得凹凸不平，甚至呈现蜂窝状，岩土颗粒间的黏聚力下降，在反复的雨水冲刷和大风吹扬等自然作用下，表层松散的颗粒逐渐脱离土体，夯土墙体越来越薄，结构性能越来越差。除物理风化外，还有化学风化和生物风化。生土材料中的矿物质会与空气中的水分、雨水等发生复杂的化学反应，如氧化作用、水化作用、溶解作用、酸化作用、水解作用等也会使建筑墙体的材料结构发生变化，而土体中生存的某些微生物在新陈代谢的过程中，也可能对建筑材料产生腐蚀。

刘氏房祠的东耳房墙体后部因为失去了石灰表皮的保护，风化十分严重（图3-17），而石灰表皮及依附于其上的革命标语也由于常年经受自然侵蚀而存在不同程度的粉化现象（图3-18），粉化病害如果得不到控制，则可能继续发展为起甲和剥落。从直观上看，刘氏房祠东立面的风化和粉化程度较高，石灰表皮的附着力降低，易脱落，从整体上看革命标语的颜色也最浅。而粉化程度定量测试方法所得数据（表3-3）显示，刘氏房祠西立面平均单位面积粉化程度为 0.39mg/cm^2，南立面平均单位面积粉化程度为 0.29mg/cm^2，东立面平均单位面积粉化程度为 0.08mg/cm^2，与直观观测结果相反，这是由于基地常年所刮的东南风吹走了东立面上石灰表皮粉化后产生的粉尘，而刘氏房祠后方的山体与侧面的民宅挡住了吹向西立面的风，使得数据产生一定偏差。

表3-3　刘氏房祠石灰表面粉化实验数据

实验面	编号	粉化测试后质量（mg）	质量差值（mg）	单位面积粉化程度（mg/cm^2）	平均单位面积粉化程度（mg/cm^2）
西立面 W	1	28.2	2.9	0.51	0.39
	2	29.7	3.3	0.77	
	3	29.1	3.8	0.67	
	4	27.9	2.6	0.46	
	5	26.8	1.5	0.26	
	6	27.7	2.4	0.42	
	7	26.7	1.4	0.25	
	8	26.6	1.3	0.23	
	9	27.4	2.1	0.37	
	10	26.5	1.2	0.21	
	11	26.9	1.6	0.28	
	12	27.5	2.2	0.39	
	13	27.6	2.3	0.40	
	14	27.3	2.0	0.35	
	15	27.2	1.9	0.33	
	16	27.2	1.9	0.33	

续表

实验面	编号	粉化测试后质量（mg）	质量差值（mg）	单位面积粉化程度（mg/cm²）	平均单位面积粉化程度（mg/cm²）
南立面 S	1	28.0	2.7	0.47	0.29
	2	28.5	3.2	0.56	
	3	27.0	1.7	0.30	
	4	27.5	2.2	0.39	
	5	26.3	1.0	0.18	
	6	26.5	1.2	0.21	
	7	26.9	1.6	0.28	
	8	26.6	1.3	0.23	
	9	26.7	1.4	0.25	
	10	27.2	1.9	0.33	
	11	27.0	1.7	0.30	
	12	26.6	1.3	0.23	
	13	26.5	1.2	0.21	
	14	26.8	1.5	0.26	
	15	27.2	1.9	0.33	
	16	26.3	1.0	0.18	
东立面 E	1	25.4	0.1	0.02	0.08
	2	25.6	0.3	0.05	
	3	25.7	0.4	0.07	
	4	25.6	0.3	0.05	
	5	26.5	1.2	0.21	

图 3-17　东耳房墙体风化情况

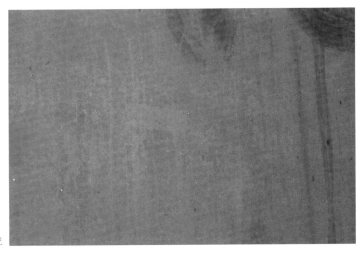

图 3-18　石灰表皮的粉化情况

3.3.6　受潮、泛碱

受潮和泛碱是与水有关的建筑材料病害。生土类建筑遗产在自然条件下可能会与多种类型的水发生接触，如雨水、地表反溅水、冷凝水、地下上升毛细水等（图 3-19）。

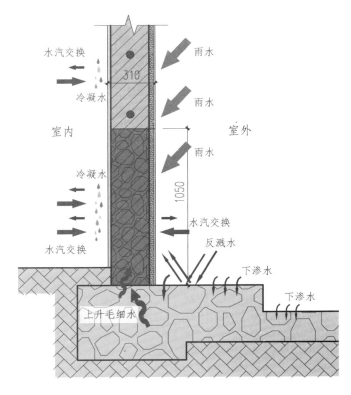

图 3-19　建材病害水源示意图

图 3-20　正殿东侧墙脚处的受潮、泛碱

刘氏房祠有多处墙脚发霉变黑（图3-20），就是由于这些水渗入建筑墙体后，使石灰表皮和夯土受潮，为细菌、真菌、微生物提供了良好的存活条件。另一方面，夯土墙和砂浆中有许多细小的孔隙，地下的水通过毛细作用进入土体或砂浆中，可以溶解材料中的水溶性盐分（Na^+，Mg^{2+}，K^+，Ca^{2+}，Cl^-，SO_4^{2-}，CO_3^{2-} 等），

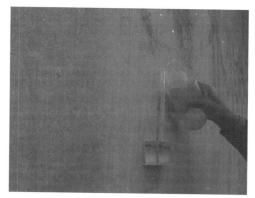

图 3-21　T瓶法测定石灰表面毛细吸水率

随着温度升高，毛细水慢慢地蒸发掉，盐溶液就会结晶膨胀，产生压力，从而导致土体内部产生裂缝、石灰表皮崩解等现象；水也能将这些盐分顺着毛细孔运移至建筑材料表面，盐溶液蒸发结晶析出后就形成被称为建筑材料的"癌细胞"的泛碱。

现场采用T瓶法（由同济大学历史建筑保护实验中心对德国卡斯特瓶法（K法）无机非金属材料吸水性能测定方法的改良，通过增大水与建筑材料的接触面积，减小了测量误差）对刘氏房祠原有石灰表皮的毛细吸水率进行了测试（图3-21）。参考德国卡斯特瓶法无机非金属材料吸水性能测定方法的材料毛细吸水系数指标，当毛细吸水系数 ≤ 2kg/（$m^2 \cdot h^{\frac{1}{2}}$）时，为不透水材料。而检测所得刘氏房祠墙面的毛细吸水率为3.3，说明其具备较好的防水性能，并具有一定的通透性（图3-22，表3-4）。

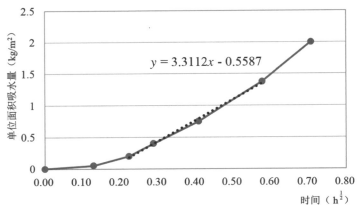

$$y = 3.3112x - 0.5587$$

图 3-22　刘氏房祠原有墙面吸水曲线

表 3-4　刘氏房祠石灰表面毛细吸水率测试

	时间（min）							面积（cm²）	毛细吸水系数 [kg/（m²·h¹⁄₂）]
	0.00	1.00	3.00	5.00	10.0	20.0	30.0		
读数（ml）	0.0	0.2	0.8	1.6	3.0	5.5	8.0	10×4	3.3

3.3.7　腐朽、虫蚀

　　腐朽病害主要针对生土类建筑中的木材而言，腐朽是指木材细胞壁被木腐菌或其他微生物分解引起的木材腐烂和解体的现象。组成木材的纤维素、半纤维素和木质素等含有大量木腐菌、微生物及小昆虫生存所需的营养物质，受潮、水分含量高、苔藓滋生的木材更是为其提供了良好的生存环境。腐朽及虫蚀的发生，会使木材丧失韧性，呈纤维质，极易掉屑，内部可能产生空洞，表面出现裂缝和规则状孔洞，木结构的力学强度被降低，使用性能受到影响。利用材料水分测定仪对刘氏房祠中的 14 根木柱进行含水率测试后发现，木柱基部（距离石柱础 100mm）的含水率普遍高出木柱中部含水率 50% 左右，所以表面容易滋生青苔，且会产生霉变、黑变现象（图 3-23）。建筑天井具有聚水

图 3-23　木柱基部的受潮腐朽

排水的作用，所以周边环境较为
潮湿。

木材钻入阻力仪是一种用于
判断木材内部腐朽、裂缝、虫蛀
危害等具体状况的微损检测仪，
微型钻针在电动机驱动下，以恒
定速率钻入木材内部产生相对阻
力，阻力的大小反映出材料密度
的不同和变化，微机系统会自动

图 3-24　木材钻入阻力仪检测内部腐朽情况

采集钻针阻力参数，计算后显示为阻力曲线图像。现场使用木材钻入阻力仪对祠堂
内的木柱进行了检测（图 3-24），根据得到的阻力曲线图（图 3-25）可知，天

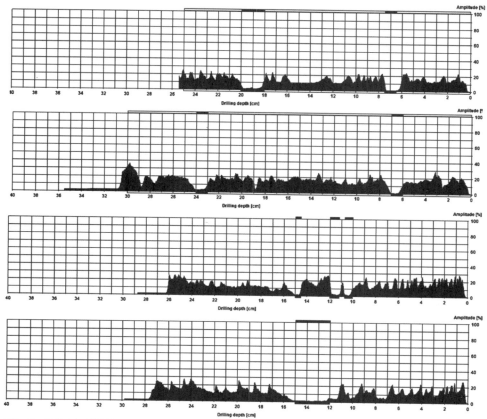

图 3-25　天井周边木柱基部的阻力曲线图

井周围的木柱糟朽程度更为严重，木材内部存在多处空洞。位于祠堂正门前的木柱表面虫孔较多，且覆有一层白色薄膜，推测为村民贴春联所用的糨糊残留，糨糊是由面粉或淀粉加水熬制而成，容易招引昆虫，对木柱造成破坏。

3.4 刘氏房祠整体破坏情况与病害分布

生土类建筑遗产的各种病害类型之间有着密切的关联，不同的病害可能有着相似的原因和破坏机制，一种病害的恶化可能发展成为另一种病害。除上节所述的一些主要材料病害外，刘氏房祠的不同部位还存在着残损、构件缺失、修复不当、水渍、污染、生物破坏等其他病害类型。通过现场勘察记录，可将刘氏房祠的整体破坏情况简要整理为图 3-26 所示的 14 种，并对其破坏程度进行评估，点越多表示破坏程度越高，危险性越大，越需要尽快采取保护干预措施。

总的来说，刘氏房祠正立面保存较为完好，如图 3-27 所示，人为开洞较少，墙体下部有受潮现象。但是东、西两个耳房抹灰剥落较严重，革命标语缺失较多，保存状况不佳。由于村民们经常在祠堂上贴一些门联、柱联，墙面或木柱上有胶黏剂残留，糨糊等胶黏剂容易引来昆虫，破坏木柱，而化学合成的胶黏剂不易清洁，又容易沾染其他污物。正殿的木构件有损坏和缺失情况，如梁下的雀替等。

刘氏房祠西立面保存较为完好，如图 3-28 所示，墙体中部有两条明显裂缝，人为开洞较多。突出山墙屋檐的博风板缺失，使得檩条受潮，墙面水渍明显。存在修复不当现象，后殿部分外墙使用普通烧结砖块进行修复，忽略了建筑的艺术美学价值和建造技术价值，西耳房墙体使用水泥代替石灰砂浆抹面，水泥与生土材料兼容性较差，且其中的水溶盐成分有可能加剧墙体的破坏。

刘氏房祠东立面破坏较为严重，如图 3-29 所示，耳房后部的屋顶坍塌，使得部分墙体暴露于风雨中，石灰抹灰层大面积脱落，夯土墙劣化，裂缝明显。整片墙体上人为开洞较多，墙角有受潮、泛碱现象，受损比较严重，对标语的保存十分不利。屋面坍塌部分留存的木构件也腐朽严重，不能再继续使用。对于这部分墙体应尽快采取抢救性修复措施，替换损毁的木材，修复屋面，以防情况继续恶化。除此之外，突出山墙屋檐的博风板缺失，使得檩条受潮，墙面水渍明显。

病害类型	破坏机制			照片采集		病害分布	破坏程度
坍塌	由于年代久远或遭遇极端自然环境，建筑材料的耐久性下降而造成建筑结构的破坏					东耳房大部分屋面、东立面后部墙体	● ● ● ● ●
缺损	由于非常规外力或长期摩擦造成建筑角部和棱部的缺损					东北墙角上部、东南墙角中下部	● ● ●
孔洞	建筑使用者为满足生活或其他需求而在建筑墙面上开设孔洞，如门窗洞、管道孔和钉孔					三个立面均存在破坏性门窗洞和其它孔洞	● ● ● ●
空鼓	由于年代久远，表面抹灰层附着力下降，与夯土墙脱离开，形成空鼓					三个立面均存在不同程度的空鼓	● ● ● ●
抹灰剥落	由于年代久远，表面抹灰附着力下降而自然剥落					两耳房南立面、东立面中后部、西立面前部	● ● ● ●
风化	失去抹灰层的夯土墙在风雨作用下的自然风化，使墙体结构疏松，表面凹凸不平					东立面后部墙体	● ● ● ● ●
粉化	抹灰面层在风雨日晒的作用下自然风化成碎片或粉末状，极易脱落					三个立面及标语均存在不同程度的粉化	● ● ● ●
裂缝	由于不均匀沉降和其他结构问题造成墙体开裂，或长久的风吹日晒造成表面抹灰开裂					东立面后部一条、西立面中部两条	● ● ● ●
构件缺失	由于年代久远，裸露在外的部分建筑构件自然脱落					东、西立面博风板缺失	● ● ●
修复不当	由于保护技术知识缺乏而造成的修复不当，未能达到保护目的，甚至导致破坏加剧					西立面后部、东立面山墙、使用水泥涂抹	● ● ● ●
水渍	由于常年裸露于风雨中，屋檐下方山墙上产生斑驳的水渍					东、西立面山墙均存在不同程度水渍	● ●
植物	由于环境潮湿，蝙蝠栖居，粪便中带有大量有机物，使得青苔等植物极易滋生					地面、裸露的梁架上，均存在杂草和青苔	● ● ● ●
受潮	有孔隙的夯土墙体吸收空气中的水分、地下毛细水以及雨水等水分，造成受潮现象					三个立面墙脚处、裸露的梁架均有受潮	● ● ● ●
泛碱	潮气带来的可溶盐在墙体表层下面积累，最终导致盐碱物质结晶析出					正殿室内东西两侧墙脚处泛碱严重	● ● ● ●

图 3-26　刘氏房祠破坏情况汇总

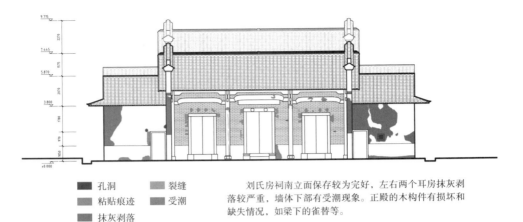

■ 孔洞	■ 裂缝
■ 粘贴痕迹	■ 受潮
■ 抹灰剥落	

刘氏房祠南立面保存较为完好，左右两个耳房抹灰剥落较严重，墙体下部有受潮现象。正殿的木构件有损坏和缺失情况，如梁下的雀替等。

图 3-27　刘氏房祠南立面病害分布图

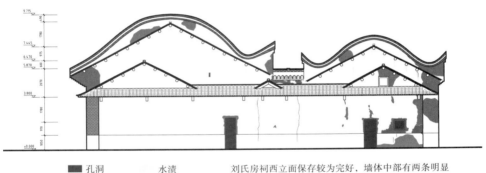

■ 孔洞	■ 水渍
■ 抹灰剥落	■ 裂缝
■ 修复不当	■ 受潮

刘氏房祠西立面保存较为完好，墙体中部有两条明显裂缝，人为开洞较多。突出山墙屋檐的博风板缺失，使得檩条受潮，墙面水渍明显。后殿部分外墙使用普通砖块代替原始夯土砖进行修复。

图 3-28　刘氏房祠西立面病害分布图

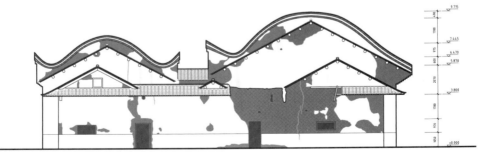

■ 孔洞	■ 水渍
▨ 劣化	■ 裂缝
■ 抹灰剥落	■ 受潮
■ 修复不当	

刘氏房祠东侧耳房后部屋顶坍塌，使得部分墙体劣化，裂缝明显，表面石灰大面积脱落，人为开洞较多，整片墙体受损比较严重。除此之外，突出山墙屋檐的博风板缺失，使得檩条受潮，墙面水渍明显。

图 3-29　刘氏房祠东立面病害分布图

第4章　刘氏房祠木构勘查与保护

对于夯土墙体–木构架混合承重类生土建筑来说，木构架是此类生土建筑的一个重要组成部分。刘氏房祠中存在着木柱、木栋、木梁、木板雕刻彩绘、檐檩、木椽等大量的木构件，并都不同程度地受到了破损，需要进行整体修缮保护。

4.1　生土类建筑遗产中木构现场勘查技术

4.1.1　木结构环境调查

建筑作为存在于自然之中的为人所用的载体，必然受周围环境的影响。木材不同于其他建筑材料，属于生物质可再生材料，这种天然的属性决定了木材与自然及其周围环境的紧密联系。所以，对木结构的现场勘查首先要做的就是对建筑（木结构）所处环境的调查。

1. 自然环境

首先观察木结构所处环境周围是否存在积水处，或木结构整体是否处于水系周围，因为水分是影响木质材料特性的重要因素，对木结构的整体性能影响较大。其次观察风向，风的流动与木材中水分的流动息息相关，而当木结构存在腐朽、虫蛀等病害时，风的流动又会对腐朽菌及虫卵的传播造成影响。此外，还要注意观察木结构所受的日照情况。一般情况，木结构中日照强的部位较少发生腐朽与虫蛀，而一些常年不接收日照的部分，即俗称的背阴处的木材含水率比较高，木结构比较容易出现病害。相关的观察结果必需在建筑测绘图上加以明确标注与记录。

2. 人为环境

人为环境因素，即人对环境的改变从而对建筑所产生的影响。主要观察人的行为对环境的影响，如是否在木结构周围及内部堆放物品影响空气流动而造成木构局部含水量过高或造成火灾隐患；木结构周围是否存在多余的木材而招引木蛀虫；是否在木构表面张贴物品而残留胶黏剂等。

3. 生物环境

观察木结构周围存在生物，如蝙蝠、木蜂等生物；观察木构表面是否有明显活体木蛀虫，如白蚁、蠹虫、天牛及其损害木构的痕迹。

4.1.2　传统检测技术

木材传统检测方法主要从视觉、声音、钻孔、取样等方面进行检测。其中视觉检测主要用肉眼或便携式放大镜、显微镜进行观察，查看木构表面是否有开裂、腐朽、虫蛀、发霉变黑、生长绿苔、木纤维剥落、木纤维形状变化等现象，并拍照进行详细记录。声音检测主要通过敲击木构，细心听辨声音，如有空壳扑扑的声响（如敲击木鱼发出的音色）则木料内部多数已腐朽出现空洞；钻孔是用钢钎插入木材的可疑部位，如有内部松软的感觉则内部已开始腐朽；取样主要是用木钻钻入木材的可疑部位，根据内部松紧程度及钻出木屑的软硬情况来判断内部材质状态。传统检测方法虽较为准确，但最大的缺点是造成构件断面减弱，并影响构件承载能力。因此，必须有选择地选用，并应采取补救方法（如受压构件加硬木楔将钻孔填塞）。

4.1.3　无（微）损检测技术

无损检测又称非破坏性检测，在不破坏目标物体外观结构、特性及内部结构的前提下，利用材料不同的物理化学性质，对目标物体相关特性（如力学性质、光学特性、形状、应力、位移、流体性质等）进行检验与测试，对各种缺陷的测量显得尤为重要，如超声波检测法。还有一些近似无损检测的技术，如微钻阻力检测技术、三维应力波断层扫描技术等，这些方法需要用探针对被测物体进行深层次探测，所以算是微损检测技术。

1. 含水率检测仪

正常状态下的木材及其制品，都会含有一定的水分。木材中所含水分的重量与绝干后木材重量的百分比即为木材含水率。含水率检测仪主要根据微波、高频电流、红外线、直流电、介电常数等原理进行检测，如电导式木材含水率测定仪就是根据木材的含水率在纤维饱和点以下时，木材电导（电阻的倒数）的对数与含水率呈线性关系这一特性设计的，通过测定木材的电导来测定木材的含水率[67]。

2. 微钻阻力仪

木材阻力仪是利用微型钻针在电动机驱动下，以恒定速率钻入木材内部产生的相对阻力，阻力的大小反映出密度的变化，通过微机系统采集钻针在木材中产生的阻力参数并计算后，显示出阻力曲线图像。根据显示的阻力曲线，结合木材学知识使用者可判断木材内部腐朽、裂缝、虫蛀、白蚁危害等具体状况。在测定过程中，钻针在木材上只钻出孔径 3mm 左右，属微损检测技术[68]。

3. 三维应力波断层扫描仪

三维应力波断层扫描仪，主要由传感器和计算系统组成。该仪器原主要用于树木内部缺陷的检测，引进后用于古建筑木结构材质状况的勘查。其工作原理为通过敲击安装在被检测木构件上的传感器，使之产生应力波，根据应力波的传播速度，经计算机处理，直接显示木构件内部缺陷的图像，用以判定木材内部质量。三维应力波断层扫描技术可一次完成对目标对象多个平面的探测，特别适用于大径级立柱的现场检测[69]。

4. 超声波检测仪

超声波测定的原理分为脉冲-反应系统和穿透应力波系统两种[70]，脉冲-反应系统可以测定木材腐朽深度，是对传播到材料内部表面的回声波的特征进行测定记录，而穿透应力波系统是指超声波沿被检测木材的厚度方向传播，被检测的木材的声波特性就在另一边被记录下来。

4.2　刘氏房祠木构现状及评估

据《刘氏族谱》中《积善堂记》记载，祠堂建于甲申岁（1824 年），距今已有近 200 年历史。由于种种自然和人为因素，建筑存在不同程度的病害特征，有的部位破坏较为严重，亟待抢救性修复。课题组于 2013 年 10 月 14 日对祠堂内部的木柱进行了实地勘察。图 4-1 为刘氏房祠平面图，框中为木柱所在位置分布图，将其放大进行编号，如图 4-2 所示。

4.2.1　刘氏房祠木构传统检测方法检测结果

在课题研究期间，课题组先后多次对井冈山刘氏房祠进行勘察，并对其木柱病害进行了传统检测。检测结果显示，木柱多出现裂缝，个别裂缝宽度达 2~3cm；个别木柱出现虫蛀空洞，因未发现虫体无法确定蛀虫类型；祠堂外廊柱多出现风化现象，表面粗糙，木纤维突起；且祠堂部分木柱出现柱根位置发霉变黑及生长绿苔的现象，多分布在距离柱础 30cm 高度范围内。具体检测结果见表 4-1 和表 4-2。

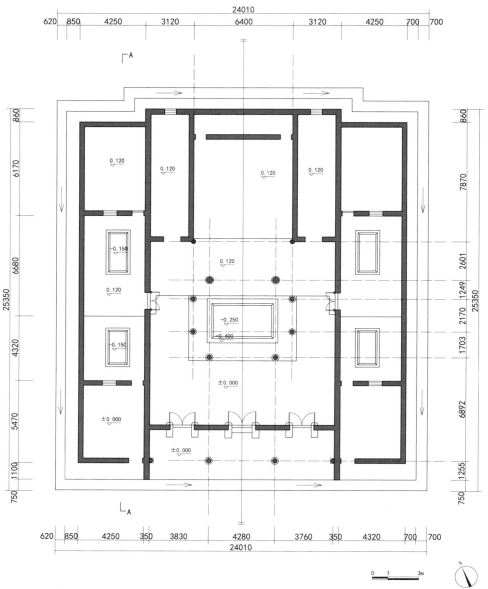

图 4-1 刘氏房祠平面图

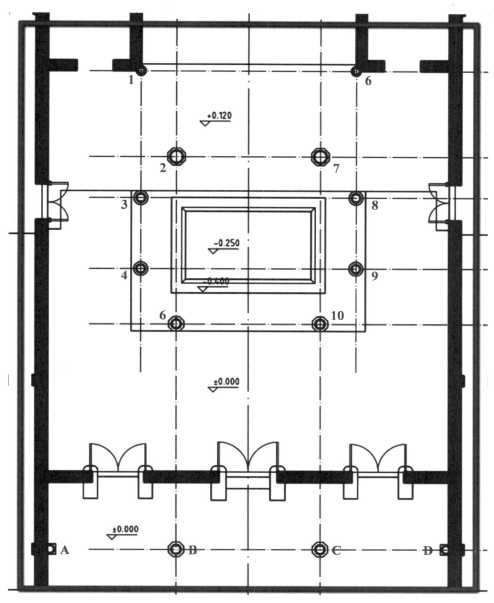

图 4-2　刘氏房祠木柱分布图

表 4-1　井冈山刘氏房祠木构现场人工检测结果

（2013-10-14 15:00，气温 25.7℃，湿度 70.1%，前后殿之间柱子宏观观察及含水率记录）

编号	整体表面宏观观察	现场照片
1	木柱为墙内柱（半裸露状态），表面有圆孔，数量较多；底部距地 0~10 cm 范围变黑	
2	表面有木楔，为拼接柱；底部距地 0~10cm 范围变黑；部分 0~20cm 范围内变黑；部分 30cm 处出现绿色苔藓	
3	表面出现裂缝，表层剥落；部分裂缝宽 1cm；右侧裂缝明显多于左侧；柱子底部距地 0~26cm 范围内，一圈方向均出现绿色苔藓	
4	表面出现裂缝，数量较多；个别裂缝宽度达 2cm；底部距地 0~16cm 范围变黑，黑色上部边缘有绿色苔藓	
5	表面出现裂缝；底部变黑，有绿色苔藓	
6	木柱为墙内柱（半裸露状态），底部变黑，高度 18cm 处有绿色苔藓	
7	表面有竹楔，为拼接柱；有表面出现圆状孔。数量较少；表面出现裂缝	
8	表面裂缝较多，表面剥落；底部出现绿色苔藓	
9	表面出现细缝，数量较多；出现椭圆或不规则状孔洞；裂缝左侧较多；底部出现绿色苔藓	
10	表面出现裂缝，数量较多；表面有圆状空洞；底部变黑；距地 0~18 cm 范围内有绿色苔藓	

表 4-2 井冈山刘氏房祠木构现场人工检测结果

（2013-11-2 15：00，气温 30.5℃，湿度 42.8%，殿外柱子宏观观察及含水率记录）

编号	表面宏观观察	现场照片
A	木柱为墙内柱（半裸露状态），表面存在裂缝，表面风化严重	
B	裂缝宽 2~3 cm；底部南面存在 5 cm 侵蚀	
C	存在裂缝，数量较多；底部裂缝部分较宽较长	
D	木柱为墙内柱（半裸露状态），存在裂缝，表面风化严重	

4.2.2 刘氏房祠木构无（微）损检测

由于木材是一种生物质材料，存在细胞壁结构，木材中水分以自由水或结合水的形式而存在，水分的变化会影响木材的细胞壁结构。因此，细胞壁结构是决定木材特性的关键性构造，木材中的水分则是影响木材健康程度的重要指标。课题组使用 testo 606-1 材料水分仪对刘氏房祠中的木柱进行了含水率检测，结果如图 4-3 所示。

由图可见，在距离柱础 100cm 以下的范围内，木柱含水率随着木柱高度增加而增加，而距离柱础 100cm 以上的范围，木柱含水率随着木柱高度增加而减小

（仅 1 号木柱除外）。木柱含水率在 9.6%~32% 范围内，柱础部分含水率最高，这与我们传统检测方法中目测的木柱根部出现发黑变色现象相吻合。初步判断木柱根部发黑是因为含水率过高，木材处于高潮湿状态所致。而这种高含水率不通风的环境正是苔藓生长所需环境，

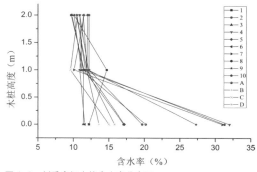

图 4-3 刘氏房祠木柱含水率分布图

因而观察到木柱根部出现绿色苔藓也就不足为怪了。而廊外木柱 ABCD 木材含水率普遍低于天井附近木柱，含水率在 9.6%~20.2% 范围内。廊外木柱风化的主要原因是由于木柱暴露在室外环境中，受到自然环境中的光、水、自然因素的影响，日复一日所形成的外面木纹凸起而变得粗糙，表面开裂且整块变形，粗糙的表面也发生颜色的变化，表面最后失去整体性。

一般来说，导致木材腐朽的木腐菌正常生长繁殖的含水率需在 20% 以上，且当温度达到木腐菌生长的温度，木腐菌就可以生长繁殖，从而导致木材的腐朽。经过检测，刘氏房祠中部分木柱含水率已经超过 20%，且通过声音敲击也初步判断部分木柱已经出现了腐朽。

在综合含水率及声音判断结果的基础上，课题组选取了其中的 2，5，7，8，9，B，C 等木柱为检测对象，采用 IML Resi PD400 木材钻入阻力仪对其内部腐朽空洞的进行了检测，其结果如图 4-4 与图 4-5 所示。

检测结果表明，编号为 5，7，8，9，B，C 的木柱存在不同程度的腐朽，大部分存在腐朽的高度范围在据柱础 0~10cm 范围内；7，8，9，B 存在多处腐朽、空洞，多数分布于木柱中心位置，腐朽空洞面积并未超过木柱截面面积的 1/3。

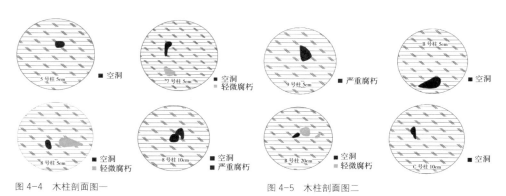

图 4-4　木柱剖面图一　　　　　　　　　　　　图 4-5　木柱剖面图二

第 5 章　刘氏房祠保护技术方案

5.1　刘氏房祠保护修缮原则

根据建筑遗产自身具备的特点，提出保护与修复工作中的原则和要求，是实现合理保护遗产的前提。以刘氏房祠为代表的井冈山生土类红色物质资源及革命标语保护示范点建设方案的制定主要依据《中华人民共和国文物保护法》《中华人民共和国文物保护法实施条例》《中国文物古迹保护准则》《国际古迹保护与修复宪章》（即《威尼斯宪章》）等保护文件和法规，在充分考虑刘氏房祠的历史文献、艺术美学、建造技术与经济使用价值的基础上，提出了对刘氏房祠进行修复与保护的原则。

5.1.1　抢救性原则

抢救性是基于对某个特定建筑遗产价值评估和破坏程度进行综合分析后提出的一个保护原则，目的是采取简单必要的保护措施，保证原有被保护本体的安全，避免毁灭性的破坏。井冈山作为以红色资源闻名于世的革命圣地，自 2005 年"一号"工程以来，对承载井冈山革命斗争时期的重要民居进行了保护，但是仍然还有很多反映井冈山斗争时期的普通民居建筑及其承载的革命标语，受限于产权、资金、技术等，没有得到及时保护。对于整个记录井冈山革命斗争场景来说，这部分标语及其建筑载体与周围环境同样具有重要的历史价值。抢救性是采取简单必要的保护措施，保证原有被保护本体的安全，避免毁灭性的破坏，如对已经坍塌或正在坍塌的屋面进行抢修。对已确定的病害类型进行积极、有效、应急性干预，且不能影响以后的保护进行。对于刘氏房祠来说，由于东耳房屋面及墙体坍塌，亟待采取保护措施。抢救性保护允许采用当前状况下被认为尚未完全成熟但可救急的技术手段对已确定的病害类型进行积极、有效、应急性的干预，但需要注重可逆性，所采用的修复材料和新添部分易于拆除和恢复原状，且不能影响之后保护工作的进行，为进一步采取修复措施留有余地。

5.1.2　完整性原则

建筑遗产保护的完整性体现在两方面。一方面，建筑是一个完整的个体，保护和修复工作最终应做到面面俱到，力求完整。对于刘氏房祠来说，革命标语为毛，石灰抹灰层为皮，土墙及木构件是肉，梁柱是骨架，皮毛骨肉共同组成了一个有机生命体，而屋面则是保护这一生命体不受自然伤害的核心。这些元素和构件是相互关联和影响的，保护工作应考虑到建筑的整体，若只单纯地追求石灰表皮现状的保护，就可能使已经裸露在外的夯土墙继续承受外界的侵蚀而情况恶化，同样在修复墙体的同时也需对屋檐木构架及瓦片进行处理，否则无法达到良好的保护效果。另一方面，建筑遗产的价值表现无法脱离其所存在的历史环境与场所，周边的风貌也是具有历史特征的物质性因素，若离开了环境，遗产的完整性也会遭到破坏。刘氏房祠靠山面田，其选址在历史上体现了基于风水学的择吉思想，西侧为同一时代所建造的夯土民宅，整体环境同样具有保护的价值。

推及井冈山地区其余生土类建筑遗产，与刘氏房祠相若，也可以将它们视作一个个以革命标语为毛发、石灰层为表皮、土墙与木构件为血肉、梁柱结构为骨架的生命体，而其中屋面的保护正是延续这些生命体活力的核心。对于这类建筑遗产，仅追求石灰表皮的现状保护是不够的，裸露的夯土墙仍会遭受外界的侵蚀。此外，倘若只是保护墙体，而忽视屋檐、木构架及瓦片的保护工作，也会进一步加剧墙体的外部侵蚀。

5.1.3 真实性原则

对于一个建筑遗产来说，原真性在于用来判定建筑遗产意义和价值的信息是否真实。一般认为，判定一件艺术品应该考虑它的两个基本性质，即艺术品的创作和艺术品的历史。艺术品的问世由创作思维过程和实物营造所组成；历史则包含了能够界定该作品时代性的那些重大历史事件及其变化、改动以及风雨剥蚀的现实情况的全部内容[71]。由此可见，创作和历史（信息）共同构成了"原真"的基本价值[72]。

对于刘氏房祠来说，其修复目的在于保存和显现建筑遗产的整体美学和历史价值。修复必须以尊重原始材料和考古依据为基础，是使建筑遗产"延年益寿"而非"返老还童"。一方面，在修复建筑的创作本体时，应尽可能地使用原材料，依据原工艺，遵照原样式进行修复，以求达到原汁原味，还其历史的本来面目；另一方面，也要尽量注重保留历史信息，对重要的历史痕迹在一定程度上采取修复措施，以重现建筑遗产的历史进程。同时在修复过程中应避免任何臆测，对于无法考证和确实的部分，宁可不多加干涉，也不可主观地随意发挥。

但是原真性并不代表着排斥新技术、新材料、新工艺，特别是考虑所修复建筑的耐久性方面，新的科学技术必然有着相当大的优势，传统工艺也有改进的必要。《威尼斯宪章》第 10 条就提到："当传统技术被证明不能解决问题时，可利用任何现代的结构和保护技术来加固文物建筑，但这些现代技术必须是经科学资料和实验证明为有效的。"《中国文物古迹保护准则》第 12 条关于修整和修复中也提到："凡是有利于文物古迹保护的技术和材料，都可以使用。"所以在进行保护工作时，应基于对建筑遗产的价值和历史信息主次层级的判断，来选择适宜的修复材料、技术及工艺。但所选用的材料、技术、工艺不能对保护本体产生加剧破坏，且尽可能保证为以后对材料和工艺的研究以及建筑的修复留有空间，并具有可逆性。

井冈山红色资源的表皮材料只有石灰、生土、土砖、木材。因此，修补也要用石灰、土、木材等原材料依据原工艺，遵照原式原样进行修复，以求达到原汁原味，还其历史本来面目。所选用的材料、工艺不能对保护本体产生破坏加剧，且尽可能保证为以后新材料、新工艺的出现进行再研究、修复留有空间。

5.1.4 可识别性原则

可识别性原则是原真性的派生原则之一，《威尼斯宪章》第 12 条提到："缺失部分的修补必须与整体保持和谐，但同时修补的部分也必须与原来的部分有明显的区别，防止修补部分使原有的艺术和历史见证失去真实性。"这就要求修复过程中的任何不可避免的添加和更换都必须与历史本体有所区别，一定要烙印上当代的痕迹，远观不至于导致整体不协调，近观又能凭肉眼辨别出修复痕迹，而不需借助其他高科技手段。该原则主要是为了体现建筑遗产的历史价值和艺术价值，防止修复过程中采取的措施干扰或掩盖了原来的历史信息，目前在国内已经逐渐为人广泛提及且接受。在刘氏房祠的修复中宜本着可识别原则，不做假文物，原始留存部位不出新、不上彩，新修部分不应刻意模仿和混淆建筑原有艺术与历史的证据。在具体的措施方面，通常采用"差异法"来实现，即通过材料、形式、色彩、质感、工艺等多方面的细微差别来达到建筑遗产的新旧部分均可被辨识，同时保证遗产的完整形象得以重新呈现。例如缺损部分标语的笔画和石灰建筑表皮都可以通过对不同成分间配比的微调，来保证质感、颜色上与原有的标语笔画和表皮可区别。

5.1.5 安全及技术可靠性原则

技术可靠性指用于修复的材料、措施等对遗产本体的安全、耐久性及对环境无不良影响。具有重要历史、技术、艺术价值的文物修缮，安全和技术可靠性应该是首要考虑的问题。这里的安全不单纯指结构安全，更多的是指材料、措施等对本体的安全、耐久性的影响。对于修复工程所采用的材料和技术要进行充分的实验和论证，对采取的工艺要进行试验性的施工检验，并对施工人员进行前期培训，对于即将发生垮塌的构造体宜进行抢救性加固，同时在监测及管理上要及时发现和记录破损。

5.1.6 经济性及可推广性原则

经济性要求保护工作中对修复材料和技术工艺的成本进行合理的规划与控制，以保证研究成果具有可推广性。井冈山地区有大量的生土类建筑遗产散布在乡下民间，具有保护利用价值，却不具备足够引起关注的文物保护身份，民众即便有强烈的保护意识和态度，也因经济原因而受到阻力，进行保护的难度较大。刘氏房祠作为这类遗产的代表和保护工程示范点，有必要在充分考虑遗产价值并保证修复效果的前提下，更多地从经济性的角度提出保护策略和技术方法，研发出成本和造价较为低廉的修复材料与保护剂，开发简便的施工工艺，并最终推广应用到该地区其他同类型建筑遗产的保护工作当中。井冈山地区红色历史建筑的保护宜首选传统的夯土、抹灰、彩绘、防腐等工艺，所采用材料、工艺具有经济性，将传统工艺与现代高科技相结合，制定具体工艺操作要点，并进行培训、推广。

5.2 夯土墙体保护与修复

夯土墙体的保护与修复包括：门洞填补、窗洞填补和夯土墙体修复等，可能的情况如图5-1所示。

5.2.1 门洞修复

刘氏房祠耳房墙体上有许多后人新开设的门洞，不仅破坏了原建筑风貌特征和墙体整体性，还对标语产生严重损坏，应予以填补。

门洞修复的施工步骤（图5-2）：

（1）去除目前填堵门洞的水泥和石块（施工时小心谨慎，切勿对原始墙体造

图 5-1　刘氏房祠待保护和修复的门洞、窗洞和墙体

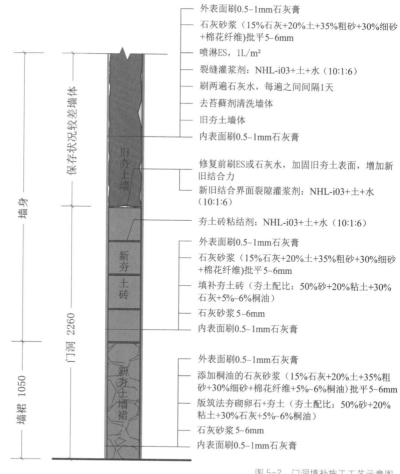

外表面刷0.5~1mm石灰膏

石灰砂浆（15%石灰+20%土+35%粗砂+30%细砂+棉花纤维)批平5~6mm

喷淋ES，1L/m²

裂缝灌浆剂：NHL-i03+土+水（10:1:6）

刷两遍石灰水，每遍之间间隔1天

去苔藓剂清洗墙体

旧夯土墙体

内表面刷0.5~1mm石灰膏

修复前刷ES或石灰水，加固旧夯土表面，增加新旧结合力

新旧结合界面裂隙灌浆剂：NHL-i03+土+水（10:1:6）

夯土砖粘结剂：NHL-i03+土+水（10:1:6）

外表面刷0.5~1mm石灰膏

石灰砂浆（15%石灰+20%土+35%粗砂+30%细砂+棉花纤维)批平5~6mm

填补夯土砖（夯土配比：50%砂+20%粘土+30%石灰+5%~6%桐油）

石灰砂浆5~6mm

内表面刷0.5~1mm石灰膏

外表面刷0.5~1mm石灰膏

添加桐油的石灰砂浆（15%石灰+20%土+35%粗砂+30%细砂+棉花纤维+5%~6%桐油）批平5~6mm

版筑法夯砌卵石+夯土（夯土配比：50%砂+20%粘土+30%石灰+5%~6%桐油）

石灰砂浆5~6mm

内表面刷0.5~1mm石灰膏

图 5-2　门洞填补施工工艺示意图

成新的破坏）；

（2）清除门框，并清理与门框结合的夯土表面，将夯土表面打磨平整，去除表面植物、浮土和杂质；

（3）在旧夯土表面刷一层石灰水（使夯土表面得到加固，并增加新旧材料之间的结合力）；

（4）按原材料比例和原工艺修补墙裙：卵石＋土（夯土的配比为2份砂＋1份山泥＋2份石灰＋6%生桐油），垒平至墙裙线；

（5）之后用夯土砖（夯土的配比为2份砂＋1份山泥＋2份石灰＋6%生桐油）填实墙裙之上的墙体部分；

（6）表面石灰砂浆（15%石灰＋20%土＋35%粗砂＋30%细砂）批平3~5mm；墙裙部位用加6%桐油；

（7）面层批一层薄的添加棉花的石灰膏，干后用土＋石灰膏＋水平色做旧。

5.2.2　窗洞修复

窗洞修复的施工步骤（图5-3）：

（1）去除目前填堵窗洞的水泥、石块和卵石；

（2）清除窗框，并清理与门框结合的夯土表面，将夯土表面打磨平整，去除表面植物、浮土和杂质；

（3）在旧夯土表面刷一层石灰水（使夯土表面得到加固，并增加新旧材料之间的结合力）；

（4）用夯土砖（夯土的配比为2份砂＋1份山泥＋2份石灰＋6%生桐油）填实窗洞，夯土砖黏合剂采用2/8灰土加水；

（5）表面石灰砂浆（15%石灰＋20%土＋35%粗砂＋30%细砂）批平3~5mm；

（6）面层批一层薄的添加棉花的石灰膏，干后用土＋石灰膏＋水平色做旧。

5.2.3　夯土墙体加固实验

为了确证本书第2章所开发的保护材料对井冈山刘氏房祠夯土墙体的加固适用性，在有效地对加固效果进行评价的基础上，提出适用的加固工艺，课题组对几种新开发的加固剂进行了夯土墙体加固实验。

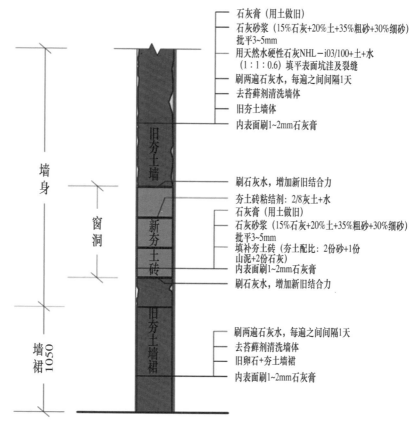

石灰膏（用土做旧）
石灰砂浆（15%石灰+20%土+35%粗砂+30%细砂）
批平3~5mm
用天然水硬性石灰NHL-i03/100+土+水
（1:1:0.6）填平表面坑注及裂缝
刷两遍石灰水，每遍之间间隔1天
去苔藓剂清洗墙体
旧夯土墙体
内表面刷1~2mm石灰膏

刷石灰水，增加新旧结合力
夯土砖粘结剂：2/8灰土+水
石灰膏（用土做旧）
石灰砂浆（15%石灰+20%土+35%粗砂+30%细砂）
批平3~5mm
填补夯土砖（夯土配比：2份砂+1份
山泥+2份石灰）
内表面刷1~2mm石灰膏
刷石灰水，增加新旧结合力

刷两遍石灰水，每遍之间间隔1天
去苔藓剂清洗墙体
旧卵石+夯土墙裙
内表面刷1~2mm石灰膏

图5-3 窗洞修复施工工艺示意图

夯土加固试验主要围绕如下三个目的而展开：

（1）对夯土本体加固材料——微米石灰及硅酸乙酯，进行加固效果评估；

（2）对石灰类夯土墙体裂隙灌浆材料——微米石灰及天然水硬石灰灌浆剂，进行灌浆效果评估；

（3）对石灰类石灰表皮黏结材料——天然水硬石灰及白色石灰膏黏结剂，进行黏结效果评估。

夯土加固试验主要实验材料包括以下四类：

（1）无水微米石灰：NML-010（石灰含量10g/L）、NML-500（石灰含量500g/L）；

（2）硅酸乙酯水解预聚物：ES；

（3）天然水硬石灰灌浆料：NHL-i03（主要成分NHL2，加天然无机矿物微

细粉料和助剂）;

（4）井冈山生土、白色石灰膏等。

夯土加固试验采用的材料及分区如表 5-1 所示。

表 5-1　夯土加固试验采用的材料及分区

区域编号	夯土层表面处理方法及使用材料	夯土层裂缝灌浆加固材料	石灰表皮回贴处理方法
L1	不做任何处理	预注射 NML-500→注射 NML-500+ 土（2：1）	采用白色石灰膏进行黏结
L2	表面均匀注射 125ml NML-010		
L3	表面均匀注射 75ml NML-010 125ml +ES	预注射 NML-500→注射 NML-500+ 土（2：3）→注射 NML-500+ 土（2：1）	
L4	表面均匀注射 75mlES	无裂隙存在	
I1	不做任何处理	预注射 NML-500→注射 NML-500+ 土（2：1）	采用 NHL-i03+ 土 + 水（10：1：6）进行黏结
I2	表面均匀注射 125ml NML-010		
I3	表面均匀注射 125ml NML-010 +75mlES	预注射 NHL-i03+ 土 + 水（10：1：8）→注射 NHL-i03+ 土 + 水（10：1：6）	
I4	表面均匀注射 75mlES	无裂隙存在	

图 5-4　夯土加固试验过程

夯土加固试验过程如图5-4所示，主要包括如下步骤：

（1）取样：采集刘氏房祠附近生土（图5-4a），在800mm×400mm的不锈钢盘中夯筑夯土基层，并将夯土盘自然风干3d，由于夯土中含水量过多，自然风干后表面产生裂隙；

（2）分区和编号：按表5-1中的设计方案，具体分区如图5-5所示；

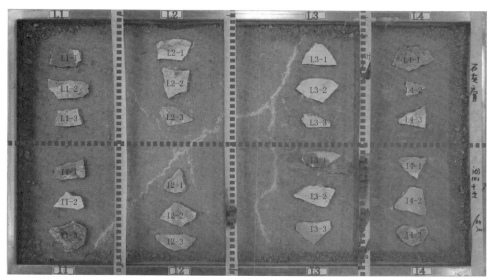

图5-5　实验区域划分及回贴试块编号

（3）采用微米石灰（NML-010）对夯土表面加固处理（图5-4b）：L2，L3，I2，I3区域夯土表面采用注射器均匀注射250mL无水微米石灰（NML-010），间隔4~5h表干后，进行再次均匀注射250ml无水微米石灰（NML-010），然后立即使用保鲜膜覆盖密闭养护24h；

（4）采用硅酸乙酯ES对夯土表面加固处理：在L3，L4，I3，I4区域夯土表面采用注射器均匀注射300mL硅酸乙酯ES，然后立即使用保鲜膜覆盖密闭养护24h（图5-4c）；

（5）夯土裂隙灌浆（图5-4d）：对L2，L3，I1，I2区块的裂缝先预注射微米石灰NML-500，之后注射比例为2：3的NML-500+土，填满较大的裂缝，再注射比例为2：1的NML-500+土多次，填满较小的裂缝；对I3区块的裂缝先预注射比例为10：1：8的天然水硬石灰NHL-i03+土+水，再注射比例为10：1：6的NHL-i03+土+水。

图 5-6　夯土表面石灰黏结试验过程

夯土表面石灰黏结试验过程如图 5-6 所示，主要包括如下步骤：

（1）取样，选取刘氏房祠石灰表皮样品，并编号；

（2）基层处理，采用壁纸刀依据选取的石灰表皮形状，在夯土表面刻画出凹槽，深度以刚好没过石灰表皮附带的泥质抹灰层为准；

（3）黏结，对编号 L 区域采用白色石灰膏进行黏结（图 5-6a），编号 I 区域采用 NHL-i03+ 土 + 水（比例为 10：1：6）进行黏结；

（4）表面除尘处理并养护，使用小型吸尘器对试验夯土表面进行清理，然后将试样夯土盘放置在室内条件下养护 7 天；

（5）耐水冲刷试验：将经养护的试验夯土盘靠墙侧立，连续三天每天采用压力喷壶均匀喷淋土样表面一次，使实验块处于干湿交替的状态，观察土样表面被冲刷后的损坏程度、裂缝灌浆材料收缩情况以及回贴石灰标语的剥落状况（图 5-6b 和图 5-7）。

研究结果（表 5-2）表明：

（1）无水微米石灰 NML-010 和硅酸乙酯水解预聚物 ES 对生土都有加固增强作用，但微米石灰处理过的土样表面有泛白现象。ES 对夯土的加固增强作用明显优于微米石灰 NML-010，且不会引起表面发白。

（2）天然水硬石灰 NHL-i03 灌浆材料的收缩较小，不会因收缩过大而使裂缝得不到完整填充，甚至因剧烈收缩而对土体造成破坏，适用于对较宽的裂缝进行灌浆。无水微米石灰 NML-500 灌浆材料具有更好的渗透性，能够对裂隙边缘土体起到了一定的加固作用，由于其较好的渗透性和流动性，适合填补较小的裂缝。

图 5-7　实验块经 3d 喷淋后状况

表 5-2　刘氏房祠夯土墙体加固实验块不同区域状况评估

编号	土样状况	裂缝状况	回贴石灰标语状况
L1	耐水冲刷性差，夯土表面泥质流失严重，凹凸不平	部分细小裂缝中的注浆材料脱落，可以看出注浆材料对周边土质有一定加固作用	无剥落
L2	耐水冲刷性较差，夯土表面泥质流失严重，凹凸不平；颜色略发白		
L3	耐水冲刷性较好，土样硬度较高，表面平整；颜色略发白	灌浆材料边缘处渗入土样，有一定收缩，与土样结合处有明显开裂现象	
L4	耐水冲刷性较好，土样硬度较高，表面出现了许多细小裂纹；颜色偏深偏黄	—	
I1	耐水冲刷性差，夯土表面泥质流失严重，凹凸不平	没有脱落，对于细小裂缝的修补效果良好，对周边土质有一定加固作用	I1-2 剥落
I2	耐水冲刷性较差，夯土表面泥质流失严重，凹凸不平；颜色略发白		
I3	耐水冲刷性较好，土样硬度较高，表面平整；颜色略发白	收缩不明显，中央有细小裂缝，表面平整	无剥落
I4	耐水冲刷性较好，土样硬度较高，表面出现了许多细小裂纹；颜色偏深偏黄	—	

（3）白色石灰膏和天然水硬石灰 NHL-i03 作为石灰表皮黏结材料，均起到理想的效果，且老化后不会产生有害表皮及标语的副产物。由于石灰膏可以在工厂内预先配制，相对来说修复工程现场的操作和施工更为简便。

（4）石灰材料作为生土类建筑保护具有很好的兼容性的同时，具有材料造价低廉、操作简便等特点，值得进一步研究完善。

5.2.4　刘氏房祠夯土墙体修复

夯土墙体修复的具体施工工艺为：

（1）清洗墙体，清除墙体表面青苔等生物（药剂：碧林®去苔藓剂 BFA），清除杂质与浮土。

（2）刷石灰水两遍，每遍之间间隔一天（使夯土表面得到加固）。

（3）对墙体裂缝进行灌浆 [灌浆剂：天然水硬性石灰 NHL- i03/100+ 土 + 水（1：1：0.6）]。

（4）养护、风干一周。

（5）外表面用石灰砂浆（15% 石灰 +20% 土 +35% 粗砂 +30% 细砂）批平 3~5mm。

（6）外表面刷一层薄的石灰膏，干后用土 + 石灰膏 + 水做旧。

（7）内表面刷 1~2mm 石灰膏。

图 5-8　留存情况较好的墙体

对于表面留存情况较好的墙体（图5-8），不需要采用灌浆的方式修复裂缝，应本着最小干预的原则对现有墙面进行保护。具体保护步骤为：

（1）清洗墙体，清除墙体表面青苔等生物（药剂：碧林®去苔藓剂BFA）；

（2）刷两遍石灰水，每遍之间间隔一天。

5.3 刘氏房祠木构保护与修缮方法

5.3.1 常用木构保护与修缮方法

在木构建筑的保护与修缮过程中，对发生病害的木构进行修缮的方法主要有挖补、开裂修补、腐朽修补、墩接、化学加固（树脂）、复制与替换，如表5-3所示。

表5-3 常用木构保护修缮方法

名称	说明	部位
挖补	用原有相同（或相近）材质木料做成木块楔紧，用环氧树脂将缝胶结粘牢	木柱
开裂修补	腻子勾抹；木条嵌补并用耐水性胶黏剂粘牢，必要时开裂段内加铁箍2~3道	柱、梁枋
腐朽修补	嵌接，用耐水性胶黏剂粘牢并用螺栓固紧；用玻璃钢箍、两道铁箍、螺栓加固箍紧	柱、梁枋
墩接	剔除腐朽虫蛀部分，剩余部分选择墩接的榫卯式样；钢筋混凝土墩接；石料墩接	柱
化学加固（树脂）	采用树脂进行加固	柱、梁枋
复制与替换	复制力求保证尺寸、形制、样式相同；替换力求保证树种材质相同或相近	柱、梁枋

5.3.2 刘氏房祠木柱保护修缮方法

1. 挖补

挖补主要针对轻微的、局部的糟朽，且糟朽深度不超过柱径1/2的部位，如图5-9所示。挖补的具体做法是：先将糟朽的部分用凿子或扁铲剔成容易镶补的几何形状，如三角形、方形、多边形、半圆形等形状，剔挖面积以最大限度保留原有的完好柱身为度，所剔洞边尽量平白，洞壁要求微微向里倾斜，洞底平整无木屑杂物；然后将干燥的木料（尽量用同样的木材，相近的颜色和纹理）制作成补洞形状的木块，楔紧严实，用环氧树脂将缝胶结粘牢，表面打磨一遍以利油饰。

2. 木柱开裂处理方法

对井冈山刘氏房祠木柱的干缩裂缝深度不超过柱径（或该方向截面尺寸）1/3的情况，可按下列嵌补方法进行修整：

图 5-9　现场标记的 5 号、7 号、8 号、9 号木柱

（1）对于 9 号木柱多数裂缝宽度不大于 3mm 的部分，可在柱的油饰或断白过程中用腻子将裂缝勾抹严实；

（2）对于 5 号、7 号、8 号木柱裂缝宽度在 3~30mm 范围的部分，可用木条对裂缝进行嵌补并用耐水性胶黏剂粘牢；

（3）对于 3 号、4 号、10 号、A 号、B 号、C 号、D 号木柱裂缝宽度大于 30mm 的部分，除用木条以耐水性胶黏剂将裂缝补严粘牢外，还应在柱的开裂段内加铁箍 2~3 道；若柱的开裂段较长，则箍距不宜大于 0.5mm；铁箍应嵌入柱内使其外皮与柱外皮齐平。

此外，应加强对木柱开裂的定期监测，当干缩裂缝的深度超过柱径（或该方向截面尺寸）1/3 时或因构架倾斜扭转而造成柱身产生纵向裂缝时，须待构架整修复位后方可按（3）中方法进行处理。若裂缝处于柱的关键受力部位则应根据具体情况采取加固措施或更换新柱。

对柱的受力裂缝和继续开展的斜裂缝，必须进行强度验算，然后根据具体情况采取加固措施或更换新柱。

3. 木柱虫蛀、腐朽处理方法

当木柱有不同程度的腐朽、虫蛀而需整修、加固时，可采用下列剔补修补的方法处理：

对于 5 号、7 号、B 号、C 号木柱，柱心完好，仅有表层腐朽虫蛀，且当其剩余截面尚能满足受力要求时，可将腐朽部分剔除干净，经防腐处理后，用干燥木材依原样和原尺寸修补整齐，并用耐水性胶黏剂黏结；如是周围剔补，还需加设铁箍 2~3 道。

以上三种保护修缮方法是根据刘氏房祠现状勘查分析后，建议采取的保护修缮方法。除此之外，还应该定期对刘氏房祠木构进行监测，如发现病害程度加重，建议考虑下面几种保护修缮方法。

4. 墩接

当柱脚腐朽虫蛀严重，自柱底面向上未超过柱高的 1/4 时，可采用墩接柱脚的方法处理。墩接时，可根据腐朽虫蛀的程度、部位和墩接材料，选用下列方法。

（1）用木料墩接：先将腐朽虫蛀部分剔除，再根据剩余部分选择墩接的榫卯式样，如"巴掌榫""抄手榫"等（图 5-10）。施工时，除应注意使墩接榫头严密对缝外，还应加设铁箍，铁箍应嵌入柱内。

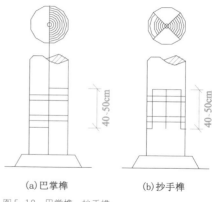

(a) 巴掌榫   (b) 抄手榫

图 5-10　巴掌榫、抄手榫

（2）钢筋混凝土墩接：仅用于墙内的不露明柱，高度不得超过 1m，柱径应大于原柱径 200mm，并留出 0.4~0.5 m 长的钢板或角钢，用螺栓将原构件夹牢。混凝土强度不应低于 C25，在确定墩接柱的高度时，应考虑混凝土收缩率。

（3）石料墩接：可用于柱脚腐朽虫蛀部分高度小于 200mm 的柱。露明柱可将石料加工为小于原柱径 100mm 的矮柱，周围用厚木板包镶钉牢，并在与原柱接缝处加设铁箍一道。

5. 化学加固

木材内部因虫蛀或腐朽形成中空时，若柱表层完好厚度不小于 50mm，可采用不饱和聚酯树脂进行灌注加固。加固时应符合下列要求。

（1）在柱中应力小的部位开孔。若通长中空时，可先在柱脚凿方洞，洞宽不得大于 120mm，再每隔 500mm 凿一洞眼，直至中空的顶端。

（2）在灌注前将朽烂木块碎屑清除干净。

（3）柱中空直径超过 150mm 时，宜在中空部位填充木块，减少树脂干后的收缩。

（4）不饱和聚酯树脂灌注剂的配方如表 5-4 所示。

表 5-4　不饱和聚酯树脂灌注剂配方

灌注剂成分	配比（按质量计）
不饱和聚酯树脂（通用型）	100
过氧化环己酮浆（固化剂）	4
萘酸钴苯乙烯液（促进剂）	2~4
干燥的石英粉（填料）	80~120

（5）灌注树脂应饱满，每次灌注量不宜超过 3kg，两次间隔时间不宜少于 30min。

6. 复制与更换

当木柱严重腐朽、虫蛀或开裂，而不能采用修补、加固方法处理时，可考虑更换新柱，但更换前应做好下列工作。

（1）确定原柱高：若木柱已残损，应从同类木柱中，考证原来柱高。必要时，还应按照建筑物创建时代的特征，推定该类木柱的原来高度。

（2）复制要求：对需要更换的木柱，应确定是否为原建时的旧物。若已为后代所更换与原形制不同时，应按原形制复制。若确为原件，应按其式样和尺寸复制。

（3）材料选择：古建筑木结构承重构件的修复或更换，应优先采用与原构件相同的树种木材，当确有困难时，也可按表5-5和表5-6要求[73]选取强度等级不低于原构件的木材代替。

表5-5　常用针叶树材强度等级

强度等级	组别	适用树种			
		国产木材	进口木材		
			北美	苏联及欧洲地区	其他国家及地区
TC17	A	柏木	海湾油松长叶松	—	—
	B	东北落叶松	西部落叶松	欧洲赤松落叶松	—
TC15	A	铁杉、油杉	短叶松火炬松花旗松含海岸型	—	—
	B	鱼鳞云杉西南云杉	南部花旗松	—	南亚松
TC13	A	侧柏、建柏	北美落叶松、西部铁杉太平洋银冷杉	欧洲云杉、海岸松	—
	B	红皮云杉、丽江云杉、红松、樟子松	—	苏联红松	新西兰贝壳杉
TC11	A	西北云杉、新疆云杉	东部云杉、东部铁杉、白冷杉、西加云杉、北美黄松、巨冷杉	西伯利亚松	—
	B	冷杉、杉木	小干松	—	—

表 5-6　常用阔叶树材强度等级

强度等级	适用树种			
	国产木材	进口木材		
		东南亚	苏联及欧洲地区	其他国家及地区
TB20	栎木、青冈、椆木	门格里斯木 卡普木、沉水梢	—	绿心木、紫心木 李叶豆、塔特布木
TB17	水曲柳、刺槐、槭木	—	栎木	达荷玛木、萨佩莱木 苦油树、毛罗藤黄
TB15	锥栗（栲木） 槐木、乌墨	黄梅兰蒂 梅萨瓦木	水曲柳	红劳罗木
TB13	檫木、楠木、樟木	深红梅兰蒂	—	—
TB11	榆木、苦楝			

5.3.3　木材保护方案

一般而言，木材修复材料的开发和检测应遵循如下九个原则：

（1）应对木材有良好的渗透性；

（2）与其他材料（如保护剂、胶黏剂、油漆等）的兼容性良好；

（3）与其他操作的兼容性（如易于后期黏结或油漆）；

（4）较少改变木材的吸收性；

（5）不影响木材的尺寸稳定性（避免加固或渗透的过程中引起木材的湿涨）；

（6）最小限度地影响木材的美学特性；

（7）耐老化、耐火及耐腐；

（8）环保、低毒；

（9）可逆性。

为此课题组提出了示范点木材保护方案如下。

（1）接肢：剔除基材腐朽部分；基材的防腐处理；制备并安装模具；浇筑树脂、固化；打磨油饰。

（2）增强：表层的清洁；基材的防护处理；涂刷或注射树脂增强，添加量以饱和不能吸收为准。

（3）修补：表层的清洁；注射黏结剂，可选用聚氨酯类，例如二苯基甲烷二异氰酸酯（4,4'–MDI）；亦可选用环氧树脂类，例如环氧树脂 1001、环氧树脂 E44；黏结、固定，24h 后拆除固定装置。

（4）表面防护：涂刷防腐、防虫保护剂；涂刷防水、防紫外线保护剂。

5.4 刘氏房祠木构彩绘初步研究与保护

踏入刘氏房祠大门，抬头便可看到绚丽多彩的屋顶彩绘。虽经过岁月的侵蚀，但依旧可以看出彩绘所蕴含的美学价值、历史价值及文化价值。借此次对刘氏房祠标语保护研究的同时，课题组对此彩绘也进行了初步的探讨。

5.4.1 取样

采绘试样来自井冈山市下七乡刘氏房祠屋顶木构架中的一幅彩色木画（图 5-11 中箭头所示）。

5.4.2 彩绘实验室实录

使用米尺对试样进行尺寸测量，测得试样尺寸为 150cm×6cm×2cm（按最大尺寸计算）。为了保存文物的原真性，在对文物进行研究之前，尤其是具有彩绘、雕刻、油饰的文物，需要对其原始状态进行实录。对井冈山刘氏房祠屋顶彩绘进行实录和研究工作，主要包括：

（1）用软毛刷将表面灰尘清除；

（2）对彩绘进行宏观观察拍照；

（3）放在蔡司体视显微镜下对表面彩绘进行拍照分析。

图 5-11　刘氏房祠屋顶木构彩绘

图 5-12　木材表面油状反光物质

图 5-13　彩绘层基本结构图

图 5-14　黑色、绿色颜料

图 5-15　红色颜料

图 5-16　木材呈纤维质状态

经过观察、分析和检测，得到以下结果。

（1）宏观观察：发现有油状透明物质，推测为木材内部树脂受潮后渗透至木材表面（图 5-12，显微镜放大 65 倍）。

（2）显微镜观察：① 表面彩绘工艺：先在木材表面做地仗，涂刷石灰、黄色颜料，在此基础上进行彩绘（图 5-13，显微镜放大 65 倍）；② 显微镜下可以看出，黑色、绿色和红色颜料（图 5-14，图 5-15，显微镜放大 65 倍）。

5.4.3　彩绘木构本体病害类型分析

根据木材表面呈现的颜色及木质状态观察，发现木材丧失韧性呈纤维质（图 5-16）；木材强度极低，极易掉木屑，以上特征基本符合白腐的病害特征，初步鉴定木构本体病害类型为白腐。

5.4.4 彩绘木构本体实验室修复方法研究

1. 加固液配方设计

在经过初步的预试验之后，选取了如下两个相对较为合适的配方设计。

加固液配方一：5%B72 + 95% 二甲苯。

加固液配方二：10%B72 + 90% 二甲苯。

2. 加固液配制方法

在配制容器中加入设计量的二甲苯溶剂，再按设计比例称取一块适量的 B72 树脂，并在充分搅拌下将树脂分批慢慢加入到二甲苯中，待树脂全部溶解后，过滤去杂，再转移到密封容器中，静置陈化数小时即得加固液。

3. 彩绘加固实验

施工人员戴好乳胶手套，用软毛刷蘸取配制好的加固液，将其均匀涂刷在试样表面（图 5-17），待所刷加固液全部吸入木材内部后接着刷第二遍，第三遍……反复涂刷直至木材不再吸收为止。用塑料薄膜将处理过的部位包裹3~4h(图5-18)，然后将试样暴露在空气中固化 2~3d。

4. 处理效果

对比处理前后木材的状态，处理效果明显，主要表现在：

（1）处理后木材表面硬化，不再出现掉木屑现象，硬度加强，表面颜色变深(图5-19)；

（2）分别经过 5%、10% 处理，两个处理后的强度没有明显区别；

（3）对彩绘部位进行对比，10% 部位出现反光现象，5% 部位无此现象，更接近原始彩绘状态（图 5-20 ）。

综合考虑两种加固液对木材强度以及彩绘颜色变化，在实际应用中推荐使用浓度为 5% 的 B72 二甲苯加固液进行加固处理。

图 5-17　加固液的涂刷

图 5-18　塑料膜包裹

图 5-19　木材加固处理前后效果对比图　　　　　　图 5-20　不同浓度对彩绘影响对比图

5.4.5　现场处理

经过实验室方法对刘氏房祠屋顶彩绘加固处理后，使用浓度为 5% 的 B72 二甲苯加固液对刘氏房祠屋顶彩绘进行现场处理。现场加固处理过程分如下五个步骤。

（1）表面清洁：由于彩绘已有近 200 年历史，表面存在大量的灰尘，在加固处理之前，需要进行表面清洁。清洁的步骤是：先用软毛扫帚将表面灰尘进行初步清扫，然后用小的软毛刷对重点部位进行局部清洁，以保证加固溶液可以浸入到木材内部。清扫时注意保证工具及木构本体的干燥无水。

（2）加固液配制：在配制容器中加入设计量的二甲苯溶剂，再按设计比例称取一块适量的 B72 树脂，并在充分搅拌下将树脂分批慢慢加入到二甲苯中，待树脂全部溶解后，过滤去杂，再转移到密封容器中，静置陈化数小时即得加固液。为了储存和运输的方便，可先行配制高浓度（20% 左右）的预加固液，到现场后再补加二甲苯溶剂稀释成 2% 或 5% 浓度的加固液。

反应容器选择铝箔，原因主要有两个：一是铝箔质轻，容易成型；二是铝箔不参与化学反应。为了加速 B72 晶体的溶解，我们可以借助机械工具冲击钻的高转速来加速晶体的溶解。

（3）彩绘木构加固处理，具体步骤分五步完成。① 初次浸泡：用浓度大概为 2% 的 B72 二甲苯溶液对彩绘木构进行浸泡处理。为了保证反应充分，可将条状的木材捆绑在一起，上面选用石材压住木材，防止木材漂浮。浸泡 40min 左右，直到不再有气泡冒出，使吸附达到饱和，如图 5-21 所示。② 初次晾干：将加固液饱和吸附后木材从溶液中取出，放置于通风干燥处晾置 1h 以上，使其表面初步干燥，如图 5-22 所示。③ 重点加固：对于腐朽比较严重，强度降低比较大的地方，用软毛刷蘸取高浓度（20%）的加固液进行涂刷，如图 5-23 所示。④二次晾干：

图 5-21　初次浸泡加固过程

图 5-22　初次晾干处理

图 5-23　进一步涂刷重点加固

图 5-24　二次浸泡加固过程

放置于通风干燥处晾置 1h 以上，使其表面初步干燥。⑤二次浸泡：将木材置入 5%的加固溶液中进行再浸泡处理，具体方法与初次浸泡相同，如图 5-24 所示。

（4）晾置固化：把经过加固剂处理过的木材彩绘放置在干净、干燥、通风处进行晾置。晾置 24h 后观察加固效果。

（5）拼补与做旧：对于缺少部分的彩绘木构，选取与原木材相近的材料，并按原尺寸，根据所缺少部分木条周围的彩绘图案进行拼补，然后调制相同或相近的油漆颜色进行做旧处理（图 5-25），以达到与周围图案相协调的效果。

课题组对井冈山刘氏房祠木构的保护研究工作贯穿了整个课题的全程。经过对刘氏房祠的多次现场勘查、实验室小试、现场处理等阶段，发现了刘氏房祠木柱部分出现开裂、发黑、风化、绿色苔藓、腐朽、虫蛀等现象，在无损（微损）检测仪器现场检测分析后，发现 5 号、7 号、8 号、9 号、B 号、C 号木柱内部腐朽空洞，范围在 0~10 cm 高度内，腐

图 5-25　拼补与做旧处理

朽空洞面积较小。在此基础上提出了挖补、开裂处理以及对腐朽空洞部分的剔除整修等保护修缮方案。此外，对刘氏房祠屋顶彩绘研究发现，其工艺主要是先在木材表面做地仗，涂刷石灰、黄色颜料，然后进行彩绘。显微镜实录工作发现，彩绘存在黑色、绿色、红色三种颜色。对彩绘木材本体的病害检测发现，木材存在严重的白腐，木纤维极易剥落，木材强度降低。针对这个情况，经过实验研究，提出了采用浓度为 5%B72 树脂二甲苯溶液对木材进行加固处理效果良好，既能加固，又不影响彩绘的状态，并依此方法对井冈山刘氏房祠部分屋顶彩绘进行了现场加固处理。各项检测表明，加固处理后的木材强度明显增加，并未对彩绘造成颜色和光泽等干扰，加固效果良好。

由于时间及条件所限，此次仅对井冈山刘氏房祠木构作了初步的研究和探索，对于刘氏房祠整体木构的结构性并未进行整体科学的安全性评估，只是对木柱进行了材料病害的勘查及分析工作，而对于对屋顶彩绘的美学价值更值得在以后工作中进行深入研究。

5.5 刘氏房祠屋面修复

5.5.1 屋面存在的主要问题

刘氏房祠屋面为采用冷摊方法铺设的当地手工烧制的小青瓦，瓦片直接摊放于椽子之上，不设望板与防水层，瓦片搭接部位基本采用"压七露三"的方式。据勘查测绘，刘氏房祠屋面上现存的小青瓦有三种规格（图 5-26）：一种较小，尺寸为 180mm×110mm×7mm；一种较大，尺寸为 180mm×150mm×7mm；还有一种带有精美纹饰，用于檐口处，尺寸为 180mm×350mm×7mm。若用小尺寸的小青瓦铺设，每平方米屋面所承受的重量大约为 24.1kg；若用大尺寸的小青瓦铺设，每平方米屋面所承受的重量大约为 37.9kg。

现刘氏房祠的屋面瓦为冷摊做法，瓦片直接摊放在椽子上，与椽子之间无黏结，易受动物、台风等影响而脱落。原有小青瓦片因已历经二百年的风霜，使用寿命达到了极限，大部分瓦片都存在开裂、缺损、孔洞等破坏现象，致使屋面漏雨严重，影响其他建筑构件的保存。经勘查分析，病害严重且需要替换的瓦片已达 40% 以上，如再不采取保护和修复措施，将会带来更严重的问题。

刘氏房祠屋面坡度存在缺陷，一般来说，屋顶坡度在 26°~30° 时，风压最小。

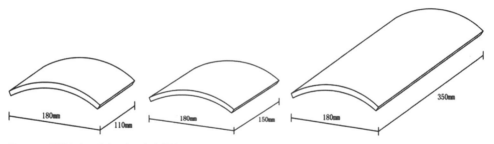

图 5-26　屋面小青瓦（小、中、大）规格

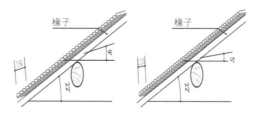

图 5-27　两种不同规格瓦片搭接后的坡度示意图

若坡度过小，则会产生负压，风易将瓦片掀起。刘氏房祠的屋面坡度仅为 22°，理论上，若瓦片采用"压七露三"的搭接方式，较小尺寸的瓦片斜度就只有 5°了，尺寸较大的瓦片也仅为 9°，对排水非常不利（图 5-27）。

　　经现场测量，刘氏房祠屋面同一规格瓦片连接后仅为 13°，若中间夹有小瓦，坡度则只有 6°，局部地方几乎接近水平，致使雨水无法畅通排泄，甚至形成倒流，从而引起屋面大面积漏水（图 5-28，图 5-29）。

　　屋架木材老化萎缩，加上长期漏水，干湿相交，大部分已霉变腐烂。这无形中增宽了椽子的间距，使瓦片接靠不牢，部分瓦片因无法搭边而自行掉落。

　　由于屋面长期漏水和支撑梁柱等木材的腐坏，造成刘氏房祠结构整体牢度不断下降，如不及时解决，承载具有重要文物价值的标语的墙体随时都有倒塌的危险。

图 5-28　屋面与山墙交接处

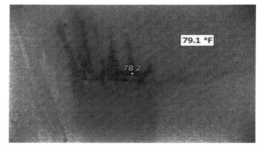

图 5-29　室内渗水红外影像图

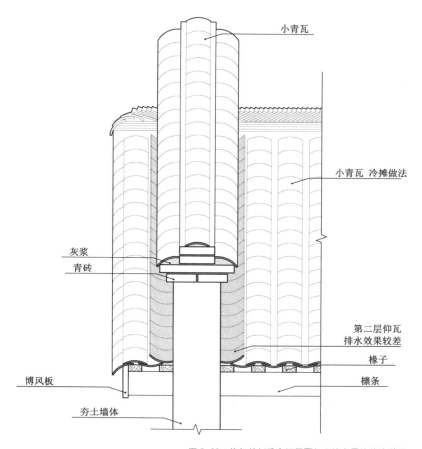

图5-30　修复前刘氏房祠屋面与山墙交界处构造详图

　　山墙与屋面交接处的防水排水处理不当，目前仅简单铺设了一层仰瓦，形成排水沟，但因坡度不够，瓦片与山墙面脱离等原因，排水效果较差，室内渗漏较为严重，木构件遭到破坏。

　　原瓦片已停产多年，如要添加或替换，只能从附近旧屋搜集。加上成本太高，每维修一次都须近万元资金（含购买瓦片和工匠工资），而且每年都必须维修一至二次，乡民不堪重负，怨声载道。

　　修复前刘氏房祠屋面与山墙交界处构造详图如图5-30所示。

5.5.2　屋面修复方案选择

考虑原真性的要求，最好能够保留较为完好的瓦片，如需更替新的瓦片，也应按原有式样、材料、工艺重新烧制或寻找同一时期的相同瓦片来更换。主要操作步骤如下：

（1）小心揭取原有屋面的小青瓦，进行筛选、分类、编号；

（2）将原腐朽木构件拆除（注意不能损坏墙体和标语）；

（3）所有新木构替换前需作防腐防虫处理，檩条用5%的防腐防虫药剂浸渍，端头用水性漆密封，椽子用10%的防腐防虫药剂涂刷（防腐防虫药剂：碧林®EWM-01），所有经过处理的木构件需气干后再使用；

（4）按原屋架形式重新搭建屋架及天井；

（5）按原样式装封檐板和博风板；

（6）小青瓦做防水防冻预处理，将小青瓦浸泡到碧林®WS-98N稀释液（1份浓缩液加20份水）中1min取出晾干1d，第二天可以进行铺装；

（7）考虑建筑整体透气性需求原真性原则，椽子上不增设望板及防水层，将处理过的小青瓦采用冷摊做法直接铺放在椽子上，"压七露三"，并在瓦片搭接部位勾上胶结材料（图5-31），增加瓦片的整体性和粘连度，同时有防水作用；

（8）端头檐口部位的瓦当和滴水有防雨防风的重要作用，若找到建筑上原有这些构件的依据，则应当按原式样予以修复。

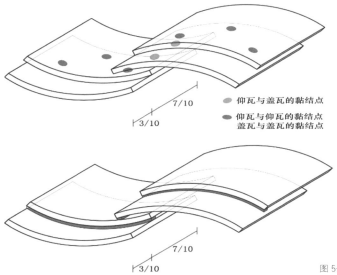

- ● 仰瓦与盖瓦的黏结点
- ● 仰瓦与仰瓦的黏结点
  盖瓦与盖瓦的黏结点

图5-31　搭接处胶结材料的位置示意图

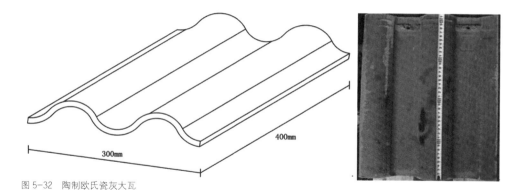

图 5-32　陶制欧氏瓷灰大瓦

　　当然，保留原有小青瓦的方案可能会因为造价或成本太高、资金及人力缺乏等原因而遭遇阻力。因此，在综合各方面信息的基础上，结合全村村民的强烈要求，遵照"修旧如旧"的原则，并在基本保证外观形象和颜色的前提下，课题组提出将现有的屋顶小青瓦置换成专门订制的陶制欧氏瓷灰大瓦的方案（图 5-32），并对椽子和房梁等木材件进行必要的维修和更新。具体操作步骤如下：

　　（1）小心揭取全部原有屋面及山墙顶部的小青瓦，因山墙顶部还是用小青瓦按原有样式修复，所以揭取时应注意挑选和保留完整的小青瓦；

　　（2）将原腐朽木构件拆除（注意不能损坏墙体和标语）；

　　（3）所有新木构替换前需作防腐防虫处理，檩条用 5% 的防腐防虫药剂浸渍，端头用水性漆密封，椽子用 10% 的防腐防虫药剂涂刷（防腐防虫药剂：碧林®EWM-01），所有经过处理的木构件需气干后再使用；

　　（4）按原屋架形式重新搭建屋架及天井，并按原样式装封檐板；

　　（5）在椽子上安装挂瓦条，间距 240mm；

　　（6）对陶制欧式瓷灰大瓦进行防水防冻处理；

　　（7）在挂瓦条上装钉陶制欧式瓷灰大瓦，从檐口部位向屋脊方向铺装（图5-33）；

　　（8）屋面与山墙交接处设槽，将仰瓦嵌入槽内，防止雨水渗漏；

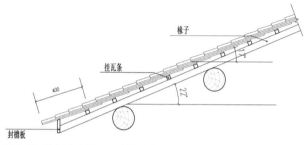

图 5-33　陶制欧氏瓷灰大瓦铺装构造图

（9）山墙面做憎水处理，对挑选出的保存完好的小青瓦进行防水防冻处理，并按原样铺设山墙顶部的小青瓦。

5.6 地坪整改方案

刘氏房祠地坪状况不佳，地面潮湿，凹凸不平，再加上大量蝙蝠栖息，蝙蝠粪便对墙面及标语文物产生严重腐蚀，导致苔藓等植物滋生，急需整改（图5-34），具体操作如下：

（1）疏通排水道，包括室内天井和室外排水渠；

（2）清洗地面，清除表面青苔等生物（药剂：碧林®去苔藓剂BFA）；

（3）铲除附着在地面上的污垢后，深150~200mm，用石灰夯实填平地面；

图5-34 刘氏房祠内后殿地坪（修复前）

（4）铺设青砖，留3mm缝，用干消石灰与中砂（1：2）混合物填缝，或采用传统的三合土重夯地坪。

5.7 修复档案建设

刘氏房祠的档案修复建设工作有以下六步：

（1）示范点关键测试数据，包括材料组分分析、热红外测试、微波测试、建筑测绘等原始资料；

（2）现状及病害勘查记录；

（3）修复材料和工艺的详细说明；

（4）保护修复施工图；

（5）修复前、后纪录（文字、照片）；

（6）定期监测记录。

5.8 保护示范点建设注意事项

本方案所涉及的工作内容较多，参与人员要有耐心、细致的工作态度，贯彻"优化设计，科学组织；严格管理，有效监控"的十六字方针，保证工程实施技术的严格性和科学性。相关注意事项主要可归为以下四条。

（1）施工中要充分做好施工记录和档案；修补、增加部位的记录；特殊工艺和施工方法记录。

（2）施工时必须做好防护工作，保证施工人员安全。

（3）施工时，要保证文物安全。

（4）对废弃化学药剂进行统一管理，交由专门机构或单位处理，同时施工周边环境要采取必要的保护措施，以保证示范点周围自然环境不被污染。

第 6 章　红色标语表面保护与监测

6.1　井冈山红色标语产生的历史背景

　　红色标语作为一种特殊的文化景观，它的出现不是偶然的，而是必然的。红色标语，即指在土地革命战争时期，在中国共产党的领导下，用文字的形式展示于公共场所，宣传共产党和红军，反映新民主主义革命诉求的具有宣传鼓动作用的简短句子[74]。红色标语是红军文化的瑰宝，是红军动员群众、发动群众、宣传党的政策和主张的有力工具，也是党史研究的重要资料，更是土地革命时期历史的有效的物证[75]。这些标语就像一段段凝固的历史，为我们书写了井冈山革命根据地发展的革命历程，生动地反映了井冈山斗争时期中国共产党和红军开展政治宣传工作的内容和经过，不仅为我们研究党史、军史和革命史提供了极为重要的历史素材，也给我们留下了宝贵的精神财富。在中国革命历史进程中，红色标语随处可见，其出现既遵循了辩证唯物主义意识的能动作用规律，具有很高的历史研究价值。

　　毛泽东同志审时度势，在 1927 年 9 月秋收起义失利后，毅然带领秋收起义部队向井冈山地区挺进。但在当时，广大群众对中国共产党的方针政策并不了解，再加上国民党刻意的反面宣传，使得老百姓对工农红军产生了一种畏惧心理，不敢和工农红军接触。正如毛泽东所说："我们一年来转战各地，深感全国革命潮流的低落……红军每到一地，群众都是冷冰冰的，经过宣传之后，才会慢慢地活跃起来"。[76]因此，对群众进行宣传教育，让他们了解工农红军是一支什么样的部队，了解共产党的宗旨是什么，是一件势在必行、迫在眉睫的头等大事。能否宣传群众、发动群众，让群众尽快了解工农红军的主张，接受工农红军，已经成为摆在工农红军面前的一道重大难题，是关系到工农红军能否在井冈山建立革命根据地，能否在井冈山生存下去的关键。

　　而在当时这样一种形势和条件下，把共产党和红军的政治主张以老百姓直观易懂的标语形式写在墙面、石面、门板或纸等介质上，让老百姓自己去看、去理解和思索。通过这些红军标语的宣传，再结合红军的实际行动，快速促使人民群众了解共产党、了解工农红军，是一种最直接和最有效的方法。红色标语就在这样一种形势和条件下形成的。

6.2 红色标语的特性

6.2.1 红色标语的表现形式

在井冈山斗争时期，为了做好标语宣传工作，在党的领导下，广大群众发挥聪明才智，依靠集体智慧，发明创造了多种多样的标语形式。已被考证的有墙体标语、桥板标语、立柱标语、碑刻标语、石壁标语、布告标语、横幅标语、渡船标语、车体标语、竹片标语等十多类。既有固定的标语，又有流动的标语；既有手写的标语，也有印刷的标语；还有刻制的标语等。红色标语不仅形式多样，内容丰富，而且有着鲜明的特点。

1. 墙头标语

墙头标语，就是用石灰水、木炭等物质写在墙壁上的标语（图6-1）。由于成本较小、取材方便、影响力大等优势，是井冈山斗争时期使用得最多的一种标语宣传形式。时至今日，井冈山地区仍保留了大量内容各异的这种标语，距离井冈山茨坪东南面13km处的行洲村，就是当年红军和白军反复拉锯式争夺的一个军事要地，当年红军在这里驻扎，毛泽东、朱德等根据地领导人也都在这里居住过。井冈山斗

图6-1 井冈山的墙头标语

争时期，在行洲村留下了很多革命标语。红军离开后，村民们为了防止写有红军标语的房屋被敌人烧毁，就用黄泥将这些标语覆盖起来。1973年，在开展文物普查时，将这些黄泥洗刷掉，才使当年红军留下来的标语得以重现。这些标语至今仍清晰可见，共有50多条。行洲红军标语群就是井冈山革命根据地保存最完整、内容最丰富、单址数量最多的红军标语[77]。2006年5月25日，行洲红军标语遗址被公布为全国重点文物保护单位。

调查表明，墙头标语是井冈山地区红色标语最为主要的宣传形式。这些标语主要都是写在居民房等建筑的墙壁上，例如，在谢氏慎公祠就存在有十几条，如"打倒屠杀工农的国民党""一切土地归苏维埃""中国国民党是土豪劣绅的党""打倒帝国主义"[78]等。有些墙头标语还与漫画相结合起来，形象、讽刺，如"牵着国民党走狗"等（图6-2）。

图6-2 井冈山的漫画标语

2. 石刻标语

石刻标语，就是通过凿子等器具将宣传文字刻在石头上。这种标语由于其耐久性好，不易被破坏，得到了宣传工作者的充分重视。由于载体石材的坚固性，一些雕刻在其上的标语虽经过日晒雨淋，但字体保存仍十分完好。

3. 纸质标语

纸质标语，即把宣传的文字写在纸上，张贴于公共场所的标语。这种标语通常是图文并茂，一般张贴在会场。纸质标语存在着易损、易坏等缺陷，对客观环境的要求很高，同时纸的制作也较为复杂，且成本较高，行军携带容易损坏，因此保留至今的已不多见。

4. 其他标语

在井冈山斗争时期的标语宣传中，广大人民发挥聪明才智，创造了许多新颖的标语形式。例如，树皮树干上的树干标语，顺水漂向敌营的漂流标语，孔明灯上的飞灯标语，带有标语章的邮政标语，以布告形式发布的布告式标语等。

6.2.2　红色标语的基本特点

相对于历史存在的政治类标语以及当代随处可见的各种标语来说，红色标语由于受到所处时代、历史环境以及历史任务的影响，它不仅形式多样、内容丰富，而且有着其鲜明的特点。井冈山革命根据地红色标语与以后党在各个时期的红色标语有许多共性，但也有其不同之处，体现出如下一些特点 [79]。

1. 书写时间早且时间跨度长

从 1928 年成立红四军时起，至 1934 年主力红军长征离开中央苏区，红军主力部队书写标语的时间跨度长达七年之久。这批标语就如同红军在井冈山斗争时期留下的战斗备忘录。

2. 内容广泛而全面

在井冈山革命斗争时期，红色标语的内容非常广泛而全面。从内容上来说，红色标语大体可以分为如下十二大类：

（1）宣传共产党的性质、纲领、政治主张；

（2）建立无产阶级工农兵政府；

（3）反对国民党政府的反动统治；

（4）宣传国际共产主义运动，反对帝国主义侵略瓜分中国；

（5）开展土地革命；

（6）向敌军开展政治攻势，分化瓦解、争取敌军士兵；

（7）开展扩红运动，建立革命武装；

（8）巩固根据地，消灭地主武装；

（9）宣传红军纪律；

（10）维护妇女权益，提倡男女平等、婚姻自主；

（11）保护富农经济、商人利益，增加工人工资；

（12）动员开展纪念性活动。

此外，还有号召加入少共、儿童团组织，号召认购革命战争公债，破除迷信，反对苛捐杂税，推行累进税，也有宣传国共合作，鼓励艰苦奋斗，勤劳立业做人，提倡讲卫生等，几乎涉及当时革命军开展的所有活动。从某种意义上说，这些标语就是一部井冈山革命斗争史纲要。

3. 书写部队番号多且全

标语中书写的不同部队番号达 65 个（含当地红色政权机关、少共、儿童团等）。几乎所有参加过井冈山斗争的部队均留有标语和部队番号，这些标语也就成了井冈山革命斗争参战部队的"签到册"。

4. 书写形式多样

红色标语书写形式多样，因地取材，生动活泼。从承载对象来说，把标语写在民居、祠堂墙壁居多，也有写在店铺、门板、凉亭立柱，甚至还有路边石壁上的标语。从书写颜色来说，主要有土红、土黄、白色、黑色等。从标语文体来说，主要以宣传口号居多，又有对联、留言、漫画、歌词等。就书写工具来说，有毛笔、笋壳笔、杉皮笔、棕片笔等。从书写颜料来说，有墨、火烟脂、土红粉、石灰等。所有这些标语，就像是红军官兵的战地"书法大全"，尽管写得参差不齐，却是红军的真实手迹，也是革命斗争的真实记录。

5. 红色标语的特殊的历史作用

井冈山革命根据地的红色标语在井冈山革命斗争时期，特别是在反"围剿"战争中，对于宣传共产党和红军的政策和主张，瓦解敌人的意志和打击敌人的气焰，宣传群众、武装群众，从而发动群众拥护共产党、参加红军等起到了极为重要的作用。在当时红军中还流传有这样一句口号："每一个（口号）抵得上红军一个军。"[80]

6.3 红色标语保护的现状

6.3.1 红色标语的破损原因

经过充分调研发现，红色标语的破损原因主要包括以下六个方面。

1. 标语被风侵雨蚀和光致氧化而破损

由于红色标语书写颜料和书写载体的独特性，决定了这些标语保护的高难度。红色标语的书写颜料主要是石灰、墨汁、土红粉等，而标语又主要附载在墙壁、门板和石壁等易风化、剥脱的开放式载体上。经过长期的风侵雨蚀和光照氧化，夯土墙及其所附石灰墙皮极易剥落、坍塌，木板、石壁也会腐朽、风化，导致所附载的红色标语出现褪色、剥落等缺损，甚至完全消失。

2. 标语受村民生活起居而破损

调查发现，有许多具有红色标语的老房子长期以来同时也是老百姓的居住用房，老百姓的生活起居不可避免地对其上的标语产生了不同程度的破坏；还有一些由于历史原因在原来的标语上又重新写上新的标语等（图6-3）。

图6-3　民居对红军标语的破坏

3. 景区公物被游客刻划、涂污

有很多游客在旅游时违反社会公德，刻划、涂污或者以其他方式损坏旅游景区公物、旅游设施，经常会在旅游景区看到"某某到此一游"等之类的话语，这也使得红色资源遭到一定程度的破坏。

4. 标语受归属权混乱而破坏

由于种种原因，革命文物尤其是留存在广大农村的革命文物，其保护现状不容乐观。革命文物中的不动产产权归属混乱，其一是有些旧址旧居产权归属公民个人；其二在于绝大多数虽然归属在国家或集体，但是，具体使用者却不一定是文物保护单位，因而难以进行有效的保护和管理。由于夯土墙体本身结构材料的缺陷，慢慢出现剥落而造成红色标语的破损。

5. 载体被拆除

由于多数红军标语书写在土木结构的"干打垒"土墙或其所附的墙皮上，在新农村建设中，村镇出于规范和管理农村建设用地、改善农民生产和生活环境，将这些大多"干打垒"的土房相继拆除。有些乡镇按照规划建设要求，将古建筑、古祠堂翻修一新，但没有按"修旧如旧"的原则进行保护修缮，而是拆掉旧材料采用新的建筑材料，所附载的红军标语和漫画也被一并破坏。

6. 未对载体进行保护

由于保护机制和长期保护经费严重不足等原因，有不少革命旧址旧居因没有得到妥善保护而在不断地破损。有些革命旧址旧居由于种种原因而遭废弃，无人看管。随着社会的发展，人们的生活水平提高，大多数居民都盖起了新房，搬进了新家，再加上外出务工的年轻人员增多，所以对一些老房子没有进行修缮。所附的红色标语也在不断地受损之中（图6-4）。

6.3.2　红色标语保护现状

红军标语是井冈山革命文物的一大特色，这些标语直观、形象、具体地反映了当时共产党确定的革命路线、方针和政策，是极其珍贵的革命历史文物资料。党和政府对这些红色资源的保护和利用一直非常重视。据调查，目前主要采取的保护措施主要有以下两种。

1. 原址保护

原址保护是指在原建筑墙体上对存附的标语进行保护。目前井冈山区域红军标

图 6-4　年久失修濒临倒塌的生土类建筑和标语

语的原址保护主要包括有机玻璃加框保护和揭取修复后原位回贴保护两种情况。

对于一些建筑结构相对牢固，字迹又还清晰可辨的标语，特别是一些写在青砖墙面上的标语，无法做到揭取，常采用有机玻璃加框进行保护，主要应用在井冈山茅坪八角楼、宁冈龙江书院等地的标语保护中，如图 6-5 所示。

若建筑状况较差，则采用揭取回贴技术，先将标语揭取下来，对建筑进行修缮

图 6-5　加框保护中的红军标语

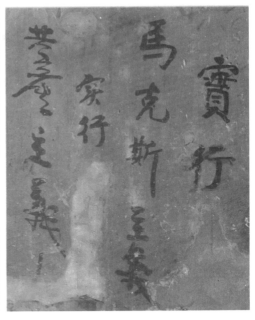

图 6-6　井冈山行洲红军标语建筑群

加固后，再将标语复贴于原位置，并对表面采取了防风化、防紫外线、防水处理。典型的实例包括茨坪镇行洲村的红军标语遗址保护工程（图6-6）和桃寮村红军被服厂内四周墙壁上的标语保护工程。这些工程引进了敦煌壁画的保护技术，对所有标语实行了揭取→加固→回贴的保护措施，并对承载标语的房屋进行了整体维修，而相关单位也被列入全国重点文物保护单位。但根据文献及现场对揭取标语的观察，揭取过程中的分块切割，会对标语产生较大的破坏，回贴过程又大量使用有机胶类物质作为黏结剂，存在二次污染的安全隐患，对可持续性修复十分不利。观察同时发现，揭取的石灰表层已经产生黄变现象，采用的树脂在井冈山地区的气候条件下的耐久性也令人担忧。部分地方已然出现新的损伤（图6-7）。

　　然而在原址保护中，揭取处理、迁移或者整体翻修仍是一种较为现实、稳妥而又相对长久的保护办法。井冈山行洲标语群已被列入中国井冈山干部学院教学点和中宣部"一号工程"辅翼工程建设，得到良好的就地保护。

　　2. 异地保护

　　异地保护是指采用先进技术，将原本存附于老旧建筑上的价值较高的标语揭取下来，并迁移到博物馆或其他具备良好保护条件的场所内（图6-8），在室内控温控湿的条件下进行保护与展示。这种模式将标语当成一种静态的文物，脱离了原始

图 6-7 行洲红军标语的新损伤

图 6-8 炎陵博物馆保护良好的红军标语

的历史环境去保护，较适合于标语具备保护和研究价值而其依附的建筑遗产状况不佳难以保存的情况。

异地保护工作较为成功的是株洲市炎陵县红军标语博物馆，也是全国第一家红军标语专题博物馆，截至 2011 年已揭取并收藏革命标语 234 条。井冈山博物馆也

图 6-9　仓贮保护中的标语状态

图 6-10　井冈山待保护的红军标语

采取积极措施，对于写在泥砖墙面上濒临倒塌而又一时无力全面进行原址保护的标语，引进敦煌壁画的保护技术，对标语进行了揭取、修复、加固后，保存在室内馆藏，目前保存在红军会师馆的标语大约有 200 幅左右，如图 6-9 所示。

3. 自然未保护状态

尽管一些重点文献得到较好保护，并得到充分的利用，但在农村革命文物保护中还是存在着不动产产权归属混乱、保护经费缺口较大、基层队伍编制不足、保护范围内的控制性地带没有或难于划定、名录以外的未核定或核定保护级别较低的红色资源还未得到应有的保护等问题，从而使部分标语处于自然的未保护状态。这些红色资源也因为自然因素，或也包括一些人为的因素，正在不断地损毁或消失，如图 6-10 所示。

6.4 红色标语保护与修复

6.4.1 井冈山区域红色标语褪色机理与保护研究

壁画颜料中的红色书写颜料研究表明一般有三种，即铅丹（Pb_3O_4）、土红（Fe_2O_3）和朱砂。李最雄[81]考察了光和湿度对此三种颜料变色的影响，结果表明土红是最稳定的，即使在强烈的阳光下，也不会明显变色。但阳光会引起颜料中的有机胶结材料老化，从而导致土红颜料的掉落和褪色。而湿度几乎不影响朱砂的变色，但却是铅丹变色最主要的原因[82]。唐玉民等[83]认为影响岩画颜料稳定性的主要环境因素是光辐射、高湿度、空气污染物中的酸性气体。郭宏等[84]对花山岩画红色颜料的研究表明，土红和朱砂是通过植物树液中的草酸或草酸盐与石灰岩反应，形成一层含有水草酸钙（$CaC_2O_4H_2O$）的混合胶结物使它们黏结在一起的。颜料的稳定性是决定花山岩画能否长期保存的关键因素之一。土红颜料尽管非常稳定，但在日光和氧化性气体的长期作用下，其中的有机材料也会发生光老化反应，从而失去黏结性能，使岩画颜料颗粒脱落，导致画面褪色。郭宏等[85]也研究了微生物对壁画颜料的腐蚀与危害研究，结果表明微生物在壁画的褪变色、壁画酥解、粉化过程中发挥着重要作用。但土红对微生物是最为稳定的。

植物质颜料常用的有藤黄、胭脂、洋红、曙红、桃红珠、柠檬黄、紫罗兰、玫瑰、花青等。染料的褪色大多与光褪色有关系，分为结构互变和降解两种变化，反应机理包括光氧化反应和光还原反应[86]。

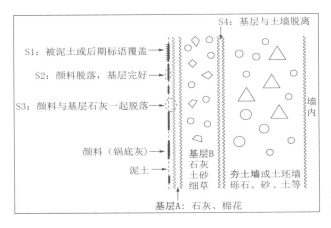

图 6-11 标语颜料的脱落和缺损病害情况分类

S4：基层与土墙脱离

S1：被泥土或后期标语覆盖

S2：颜料脱落，基层完好

S3：颜料与基层石灰一起脱落

颜料（锅底灰）

泥土

基层B 石灰 土砂 细草

夯土墙或土坯墙 砾石、砂、土等

墙内

基层A：石灰、棉花

随着时间的推移，红军标语在经历了长期的自然侵蚀后逐渐褪色脱落，急需保护。褪色脱落的原因主要是物理因素所致，包括自然的风吹日晒、建筑物主体老化损毁、壁粉脱落、墙体坍塌等，特别是雨水不断冲刷墙体表面，造成了标语的基体成分随着雨水扩散稀释，从而使标语逐渐褪色变淡。

标语载体的石灰层与夯土墙的分离、脱落导致标语毁灭性破坏，更严重的是屋面渗漏、柱梁糟朽等导致墙体坍塌而导致标语的毁灭性破坏，更会抹杀掉标语的历史环境（图 6-11）。所以，刘氏房祠上标语的保护工作既包括标语面层的保护，也保护标语载体及环境保存与再现（表 6-1）。

表 6-1 标语颜料的病害分类及修缮措施

病害类型	标识符	程度	措施
结构性塌落	S5	毁灭性	墙体加固，全面修缮
基层脱落	S4	毁灭性	注浆加固，全面修缮
表层脱落	S1	存在，但影响观展	全面修缮
表层脱落	S2	不存在	标语修复、表面固化
表层脱落	S3	不存在	标语修复、渗透表层固化

由于刘氏房祠上标语颜料主要采用锅底灰，成分主要为耐紫外线的炭黑及稳定的铁氧化物等，其表观的褪色几乎与紫外线的照射无关。本着少干预的原则，没有考虑所谓的紫外线屏蔽剂等的应用。

研究表明，刘氏房祠为代表的石灰基层上的标语褪色主要是由于温差、干湿导致涨缩继而致使颜料脱落或颜料与石灰层一起脱落（图 6-12），后期的墙面污染物覆盖、新标语覆盖也是导致标语不清晰的原因之一。

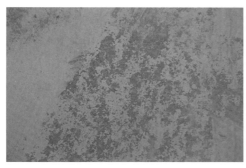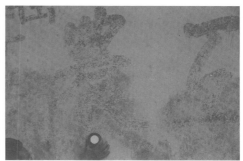

图 6-12　标语颜料脱落与被泥土覆盖（显微照片）

6.4.2　标语修复材料实验

经了解和证实，刘氏房祠墙体上革命标语的黑色主要来源于锅底灰，在对现场标语进行修复之前，需要在实验室中对不同保护材料与锅底灰搭配配方及其修复效果进行评估。

实验用的主要材料有锅底灰、熟桐油（CTO）、水性丙烯酸（CA）、消石灰（CL）、水等。实验中，按配方设计，对室内实验面和室外实验面两种实验对象进行了研究。

图 6-13　标语保护室内实验区域划分

室内实验采取的修复材料配比及区域划分如图 6-13 和表 6-2 所示。

表 6-2　室内实验面技术路线与区域划分

	W	T	C
修复材料配比组成	20% CA 3% 锅底灰 77% 水	30% CTO 5% 锅底灰 65% 溶剂	5% CL 3% 锅底灰 92% 水

室外实验采取的修复材料配比及区域划分如图 6-14 和表 6-3 所示。室内及室外实验结果如表 6-4 和表 6-5 所示。

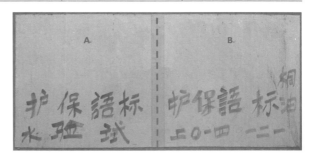

图 6-14　室外实验区域划分

表 6-3　室外实验面技术路线与区域划分

	A	B
标语修复材料配比	20% 水性丙烯酸 CA 3% 锅底灰 77% 水	30% 熟桐油 CTO 5% 锅底灰 65% 溶剂

表 6-4　室内实验面修复效果评估

	W	T	C
修复材料配比组成	20% 水性丙烯酸 CA 3% 锅底灰 77% 水	30% 熟桐油 CTO 5% 锅底灰 65% 溶剂	5% 消石灰 CL 3% 锅底灰 92% 水
起粉情况	不起粉	不起粉	起粉
光泽	发亮，光泽度较高	亚光 颜色厚重时轻微发亮	亚光
光泽度	3.0~3.4（背景 2.8~2.9）	1.9~6.3（背景 2.8~2.9）	1.6~1.7（背景 2.8~2.9）
表面状态	表面颜色不均，头尾处过于厚重，且产生气泡	颜色较均匀 能看出笔刷痕迹	颜色较均匀 表面有颗粒感
稳定性	不稳定，颜料易变稠	稳定	稳定
细节照片			
应用范围	不适用于标语修复	适用于老旧的 或已经炭化的墙面	适用于新修复的 未炭化完全的墙面

表 6-5　室外实验面光泽度数值

	A	B
标语材料配比	20% 水性丙烯酸 CA 3% 锅底灰 77% 水	30% 熟桐油 CTO 5% 锅底灰 65% 溶剂
石灰底面光泽度测量最小值	2.7	2.6
石灰底面光泽度测量最大值	2.8	2.6
标语表面光泽度测量最小值	5.6	1.7
标语表面光泽度测量最大值	11.2	1.8

　　从实验结果来看，添加锅底灰的水性丙烯酸颜料和桐油颜料书写的标语在室外经日晒雨淋后均没有明显褪色，但水性丙烯酸颜料状态不稳定，在常温下易变浓稠，且表面易固化成膜，不利于修复工作。添加锅底灰的水性丙烯酸颜料明显发亮，光泽度较高，且表面颜色不均；起头及收尾处过于厚重，并伴有气泡产生，

与原墙面标语质感差别较大，不适用于刘氏房祠的标语修复。添加锅底灰的桐油颜料表面不起粉，总体亚光，颜色厚重处轻微发亮，笔刷痕迹较明显，与原墙面标语质感相似，适用于老旧的原始石灰面层或已经炭化完全的新修石灰面层上的标语修复。添加锅底灰的石灰颜料表面虽会起粉，但颜色较均匀，炭灰颗粒感明显，亚光不发亮，能较好地表现出锅底灰这一特殊标语材料的特点，较适用于新修复的未炭化完全的墙面，能节省修复工期并具有良好的修复效果。

6.4.3 红色标语的保护与修复

刘氏房祠石灰标语脱落严重（图6-15），尚未脱落的标语亟待保护。

图6-15 刘氏房祠墙面上亟待保护的标语

1. 红色标语的修复

红色标语修复的具体保护步骤为：

（1）确定空鼓位置，开孔、灌浆加固 [灌浆剂：天然水硬性石灰 NHL-i03/100 ＋ 土 ＋ 水（1 ∶ 1 ∶ 0.6）] 承载标语的石灰表皮；

（2）石灰表皮缺损部分使用纸筋灰进行修补；

（3）清除表面浮沉、污渍等污染物（去污剂 +1 ∶ 1 稀释的酒精溶液清洗）；

（4）表面抗 UV 保护（98.97% 硅烷 +0.03% 催干剂 +1% 紫外线吸收剂）；

（5）标语残缺部分修补，并用表面保护剂进行处理保护。

当年中国共产党把革命标语当成一种宣传政治纲领、发动群众、瓦解敌人的有效手段，确实取到了很大的成效。这些革命标语的价值主要体现于标语的内容、标语对人产生的视觉效果和心理影响，以及其进而对历史所产生的影响。那么在如今标语经历岁月洗礼而变得残缺不全或者模糊不清的情况下，有必要将标语的真实内容复原出来，还原其应有的价值和意义。所以标语内容的真实性尤为重要。修复标语前，一定要对标语原本的内容进行调研和取证，可以通过走访当地老人和调查一些当年的刊物等文字记载来采集关于标语的信息，并对信息进行仔细筛选过滤，不可臆测和随意揣度。同时新修部分与原始部分也应在颜色、质感上有一定的差别，能够识别出修复痕迹。

课题组通过如下方法对刘氏房祠外立面的残缺标语进行了修补。

（1）确定标语内容，利用计算机根据原始笔迹和遗留痕迹对缺失的标语进行恢复（图6–16至图6–18）：深色代表留存字迹较为清晰的部分，可维持原状；浅色代表笔划模糊或缺失部分，需要修复；无法考证原有内容的部分不做复原。

图6–16　东立面标语复原示意图

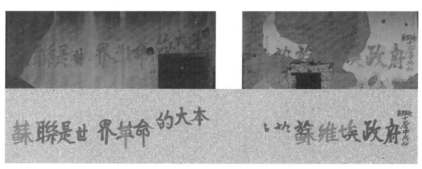

图6–17　南立面标语复原示意图

图6–18　西立面标语复原示意图

（2）在修复了剥落的石灰表皮并对空鼓部位进行灌浆加固之后，在新修的未炭化完全的石灰面层上，根据复原图样用软毛刷重新描写革命标语（颜料：5% 熟石灰和 3% 锅底灰溶液，可根据现场情况调整锅底灰的添加量，使新修部分与原始部分产生肉眼可见的差异，如图6-19 所示）。

图 6-19　刘氏房祠外立面上的革命标语修复

（3）在老旧的原始石灰面层或已经炭化完全的石灰面层上，根据复原图样用软毛刷重新绘写革命标语（颜料：30% 熟桐油和 5% 锅底灰溶液，可根据现场情况调整锅底灰的添加量，使新修

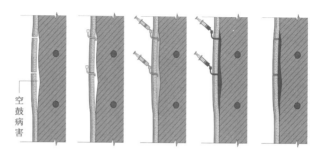

开设灌浆孔 → 埋设灌浆管 → 注射增强剂 → 注射灌浆剂 → 封孔补色

图 6-20　空鼓灌浆工艺流程示意图

部分与原始部分产生肉眼可见的差异）。

（4）表面用土 + 石灰膏 + 水稍微做旧处理。

（5）标语表面固化与石灰表皮表面固化同时施工，详见石灰表皮固化方案。

2. 石灰表皮的空鼓灌浆修复

灌浆技术在遗产保护领域有许多研究成果，尤其是在石窟裂隙、壁画空鼓方面有较为广泛的应用。对于刘氏房祠这种墙面上承载着具有突出价值的革命标语的生土类建筑遗产来说，灌浆技术是治理其表皮空鼓病害的有效技术手段。空鼓灌浆的施工工艺如图 6-20 所示。

空鼓灌浆的具体步骤有以下七步：

（1）在石灰表皮空鼓的适当位置开设灌浆孔，直径 1~2cm，孔洞应开设在无颜料部位或颜料剥落部位，以保证革命标语的完整性。

（2）用内窥镜检查空鼓部位，若有较多的碎石和沙土，则用竹片小心掏出，

图 6-21　预设的灌浆塑料管和注射灌浆技术

操作需十分谨慎，以免造成灌浆口周围的石灰表皮剥落。

（3）根据空鼓情况，埋设直径合适的灌浆塑料管，灌浆孔处用纱布或宣纸贴住固定（图 6-21）。

（4）用注射器通过灌浆管注射硅酸乙酯 ES 或微米石灰 NML-010，先对夯土墙面进行加固处理。

（5）由下至上从灌浆孔中注入天然水硬石灰灌浆剂，NHL-i03+ 土 + 水（10 ： 1 ： 7），每注射两次灌浆剂后，再注入一管空气，注射同时通过手敲击的声音以及注射时的手感压力来判断灌浆剂是否填满（图 6-21）。

（6）灌浆剂注满并凝固后，用石灰砂浆进行封孔。

（7）在封孔表面补色做旧。

3. 剥落表皮的修复

（1）由于空鼓灌浆工作耗时耗力，修复成本过高，仅适用于价值突出的部位，对于空鼓严重且并未承载革命标语的石灰表皮部分，可以铲除后重新修复。

（2）喷淋硅酸乙酯 ES 或无水微米石灰 NML-010，对夯土墙面进行加固处理。

（3）用白色石灰膏将剥落下来的带有革命标语的石灰表皮回贴于夯土墙面上。

（4）修复石灰表皮剥落部位，采用石灰砂浆批平（5~6mm），砂浆配比为15% 石灰 +20% 土 + 35% 粗砂 + 30% 细砂 + 棉花纤维。

（5）面层刷一层薄的石灰膏（0.5~1mm），风干后用土 + 石灰膏 + 水进行拼色做旧，做旧时注意遵循可识别性原则，与原本的颜色保持肉眼可见的差异

图 6-22　剥落表皮修复前（左）和修复后（右）状态

（图 6-22）。

4. 表面固化加固

表面固化包括石灰表皮的固化和革命标语的固化，需在标语修复之后才能进行施工，施工步骤如下：

（1）准备表面固化剂，调配浓度为50% 的硅酸乙酯预聚物 ES（防止浓度过高而影响渗透深度和引起表面起甲），按 2L/m² 的用量准备，以保证渗透深度达到夯土墙体部位（图 6-23）；

（2）施工时需保证气温高于 10℃，空气湿度在 40%~70%；

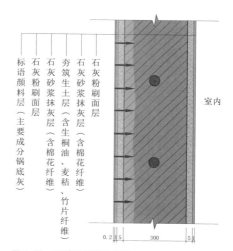

标语颜料层（主要成分锅底灰）
石灰粉刷面层
石灰砂浆抹灰层（含棉花纤维）
夯筑生土层（含生桐油、麦秸、竹片纤维）
石灰砂浆抹灰层（含棉花纤维）
石灰粉刷面层

室内

0.2 | 5　　300　　5

图 6-23　ES 渗透深度示意图

（3）用农用喷雾器将浓度为 50% 的硅酸乙酯喷淋于刘氏房祠外立面，喷雾器不可打气过多，以防喷淋时破坏革命标语（图 6-24）；

（4）根据渗透情况喷淋 6~7 遍，每次喷淋间隔时间不宜过长，需在墙体表面湿润状态下进行；

（5）在 ES 未干透时，继续喷淋无水微米石灰 NML-010 一遍。

6.5　刘氏房祠及标语的监测与维护

按照《中国文物古迹保护准则》（2015 年修订）第 25 条的定义，"保养维护及监测是文物古迹保护的基础""监测是认识文物古迹蜕变过程及时发现文物古

图 6-24　表面固化剂喷淋

迹安全隐患的基本方法"。刘氏房祠及其标语尽管目前还没有比较高的法定身份，但是考虑到未来该建筑的价值提升，本次研究仍然建议按照较高级别的文物保护标准确定了刘氏房祠及其标语的监测技术以及简易维护措施。

依据结构的不同，对刘氏房祠的监测可分为墙体结构和木结构（包括梁、柱、屋架等），并依据不同的对象采用定性检测与定量检测相结合的方法进行监测。

对于木结构的监测方法主要有目测法，观察是否出现明显的变形和糟朽，对于更深层次的腐朽情况，则在咨询专业人士的基础上采用木材钻入阻力法进行检测。

对于墙体的渗漏情况的定性方法可以采取目测法，主要观察是否有漏水点。而对于一些隐蔽漏点，可以用热红外技术进行检测，并在咨询专业人士的前提下进行屋面修补。

对于墙体面层的空鼓情况可以采取敲击法初步判断空鼓面的大小以及是否扩大，也可以采用热红外技术和钻入阻力法对其进行定量检测。然后根据空鼓的实际情况，在咨询专业人士的前提下用石灰注浆进行修补。

对于墙面标语的检测主要考察的是表面粉化程度和褪色情况，结果发现在一年内发生了明显的变化。为此，课题组根据现场实践经验，提出了一种定量测定墙面粉化脱粉程度的简易测定方法，并申请了发明专利——胶带法——定量测定和比较加固保护效果的方法。

对于刘氏房祠及其周边的排水情况要经常观测排水系统是否堵塞，如有堵塞情况要及时组织人力进行疏通。

在本次刘氏房祠的保护与修缮过程中，主要采用了五大检测方法。

6.5.1 钻入阻力仪对墙体强度的检测与监测

钻入阻力法是一种微损检测方法，通过钻入阻力仪上的钻针以恒定速率钻入墙体后所受到的阻力变化来反映墙体内部的强度变化。空鼓部位的阻力极小或为零，不同测点空鼓的程度和深度并不相同。如图6-25的测定结果表明，刘氏房祠生土墙在监测点位上分别在4~7mm附近存在着一定程度的空鼓现象。

6.5.2 钻入阻力仪检测木构件的内部腐朽情况

木材钻入阻力仪是一种用于判断木材内部腐朽、裂缝、虫蛀危害等具体状况的微损检测仪，微型钻针在电动机驱动下，以恒定速率钻入木材内部产生相对阻力，阻力的大小反映出材料密度的不同和变化，微机系统会自动采集钻针阻力参数，计算后显示为阻力曲线图像。现场使用木材钻入阻力仪进行对祠堂内的木柱进行了检测，根据得到的阻力曲线图（图6-26）可知，天井周围的木柱糟朽程度更为严重，木材内部存在多处空洞。位于祠堂正门前的木柱表面虫孔较多，且覆有一层白色薄

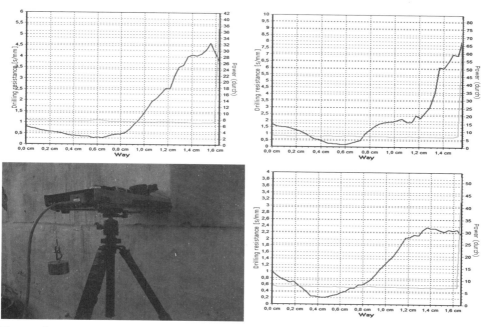

图6-25 钻入阻力仪和阻力曲线图

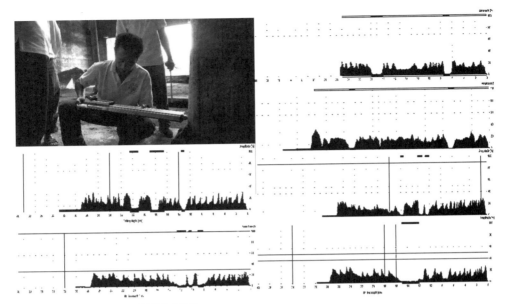

图 6-26　木材钻入阻力仪及木柱阻力曲线图

膜，推测为村民贴春联所用的糨糊残留，糨糊是由面粉或淀粉加水熬制而成，容易招引昆虫，对木柱造成破坏。横坐标为钻入深度，纵坐标为阻力值，阻力值过小或为零处表明此处为腐朽空洞。

6.5.3　热红外成像技术对墙皮空鼓情况的评判与监测

热红外线是指波长为 2.0~1000μm 的电磁波辐射。由于黑体辐射的原因，任何物体都依据温度的不同而对外辐射一定波长的电磁波。热红外成像通过用热红外敏感 CCD 对物体进行成像，能将物体表面的温度场以图像的形式呈现出来。热红外技术已在军事、工业、汽车辅助驾驶、医学领域得到了广泛的应用。课题组将热红外相机应用于刘氏房祠示范点上，对石灰墙皮和墙体的结合情况或空鼓情况进行了检测和监测。该法方便、快捷和有效，得到了良好的效果，是一种值得推广的检测和监测方法。

红外热成像技术是一种常用于历史建筑保护工程的无损检测技术，能够以非接触的方式将物体表面的不同温度转化为二维彩色图像。由于空鼓部位的温度与周围不同，尤其是被太阳照射后，空鼓部位升温较快，且始终高于未产生空鼓的部位，通过红外热成像仪扫描出来图像，排除表皮本身颜色较深部位的吸热情况后，可以

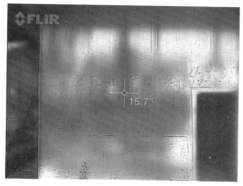
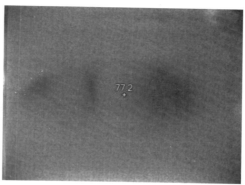

图6-27 红外热图像检测和监测

判断出墙面上存在空鼓病害的大致范围（图6-27）。

6.5.4 光谱法对标语颜色褪色情况的检测与监测

利用PR-655 SpetraScan光谱扫描色度计（美国）和计算机相结合用于示范点夯土墙皮红军标语色度的测定和监制（图6-28），在很大程度上实现了修复体与原标语颜色上的匹配。在此基础上，对标语修复材料还进行了实验室色差数学模拟实验，为现场应用提供了实验基础。可以利用PR-655 SpetraScan光谱扫描色

图6-28 光谱扫描色度计对现场标语色度的监测

度计对现场标语进行定期的全面监测。

当精度要求不太高时，一般的监测可以采用便携式 WF30 精密色差仪对标语色度进行监测。

6.5.5　墙体（面）保护剂的应用效果评价与监测：胶带法

在保护示范点现场，为了考察保护剂在夯土墙体（面）上的保护效果，课题组在采用常规观察和指法定性评估墙皮表面脱粉情况的基础上，研发了一种定量测定和比较加固保护效果的方法——胶带法定量评估表面加固效果。该项发明已申请中国发明专利[87]。具体步骤见图 6-29，并定期对现场进行效果监测，如表 6-6 所示为其中一次的监测结果。

利用胶带法监测现场的结果，得到六个方面的结论。

（1）经过实验室和现场的实验验证，胶带法可以有效定量分析历史建筑墙体表层的粉化程度，以对历史建筑的表面病害程度做出有效评估；同时也可用于定量检测新型无机固化材料的表面粉化情况，为选择历史建筑或文物表面的修复剂提供依据。

（2）但如果墙体粉化程度太严重，该胶带法则有一定的局限性，由于胶带无法完全贴合墙面而导致不能准确测量。

（3）使用自主研发的有机硅和丙烯酸表面固化剂后，墙体表面的粉化程度明显降低，从 0.068mg/cm^2，降低到 0.012mg/cm^2，降低程度 82%。

（4）刘氏房祠东立面粉化程度较严重，可取样点较少，只取得了少量数据，有待进一步研究对于这部分墙体粉化程度的更有效的测定方法。

（5）刘氏房祠每个取样点的粉化程度有所区别，从数据上看，东立面粉化程度较南立面更为严重。

图 6-29　胶带法定量测定墙体表层粉化程度的基本步骤

（6）具体采用何种表面固化剂来修复刘氏房祠外墙立面有待进一步实验研究，实验内容应包括固化材料表面粉化程度、光泽度、透气性等。

表6-6　实验室粉化测试数据

实验面	编号	粉化测试后质量（mg）	质量差值（mg）	单位面积粉化程度（mg/cm²）	平均单位面积粉化程度（mg/cm²）
未使用固化剂	1	26.2	0.87	0.153	0.068
	2	26.4	1.07	0.188	
	3	25.7	0.37	0.065	
	4	25.4	0.07	0.012	
	5	25.4	0.07	0.012	
	6	25.7	0.37	0.065	
	7	25.7	0.37	0.065	
	8	25.6	0.27	0.047	
	9	25.5	0.17	0.030	
	10	25.6	0.27	0.047	
使用固化剂	1	26.3	0.98	0.172	0.0125
	2	27.7	2.38	0.418	
	3	25.9	0.58	0.102	
	4	26.4	1.08	0.189	
	5	26.1	0.78	0.137	
	6	26.3	0.98	0.172	
	7	26.3	0.98	0.172	
	8	26.1	0.78	0.137	
	9	26.5	1.18	0.207	
	10	26.3	0.98	0.172	

胶带法定性评估表面加固效果的方法是用同一根质地均匀的胶带粘贴于受试石灰墙皮的表皮，然后用均一的速度和力度将胶带从墙皮上撕揭下来，然后目测受试墙皮表面的脱粉程度，脱粉程度越少者表明保护剂的固化效果越好。

第 7 章　结论与展望

井冈山地区现存的生土类红色物质资源，不仅是革命特殊时期斗争史实的载体和当时革命融入人民大众并最终呈燎原之势的物证，也是井冈山地区建筑文化与民俗民风的遗存，带有强烈的乡土性和地域性特征。本书以刘氏房祠为主要研究对象，在理论认识方面，本书从遗产保护与再利用的视角，基于历史建筑保护工程专业基本知识、建筑学基本理论，研究了刘氏房祠与革命标语的基本概况，对保护及修复的原则、模式进行了探讨，提出了保护的基本策略和完整技术路线；在技术方法方面，本书归纳了生土材料的基本特性、生土类建筑遗产的主要材料病害类型和破坏机制，针对刘氏房祠采取了具体的检测与诊断措施，并根据病害特征提出了对于生土类建筑遗产的加固与修复材料的选用原则，分析了常用加固与修复材料的化学作用机制及目前在遗产保护方面的利用情况；最终通过大量的实验室实验和现场试验，对保护和修复的材料及工艺进行了评估，确定了最适宜的夯土墙体、石灰表皮、木构、革命标语和屋面保护技术，设计了具体的施工方案。

本研究得出以下一些基本结论。

（1）历史文献价值、艺术美学价值、建造技术价值和经济使用价值构成了以刘氏房祠为代表的井冈山地区生土类红色物质资源的基本价值体系，保护工作应以对这些价值的准确认识和评估为基础，遵循原真性、可识别性、完整性、抢救性及技术可靠性、经济性及可推广性的基本原则来进行。值得强调的是，在保护和修复的过程中，会用到一些适宜的新技术、新材料与新工艺，这是对传统材料和工艺的提升和改进，有利于建筑遗产本身价值的体现，并不违背原真性。但在施工过程中一定要注意可识别性和可逆性，保证即使新的修缮工程出现问题，也不会对建筑遗产本体产生干扰和破坏。

（2）国家和地方政府、文物保护部门、高等院校、研究机构、村民业主共同参与、多元合作的工程模式，建筑学、遗产保护学、化学、材料学等多学科交叉的研究模式，以及试验性的施工模式，形成了刘氏房祠革命标语和建筑保护示范点建设和保护的鲜明特色，这些模式对井冈山地区同类建筑遗产的保护与利用具有较高的适用性。

（3）保护工作应具备从信息采集、现状实录，到病害检测、取样分析，再到实验室及现场实验、修缮方案设计、试验性施工，最后到正式施工、效果评估及后期维护和监测的完整技术流程。每个环节都对最终的保护效果有着重要的影响。

（4）裂缝、坍塌、孔洞、空鼓、剥落、风化、粉化、发霉、泛碱、腐朽是生土类建筑遗产的典型材料病害，弄清生土材料的基本特性、保护对象的材料构成、破坏机制和病害分布，并利用钻入阻力仪、红外热成像仪等现代检测仪器和检测技术对病害程度进行准确的分析和诊断，有利于保护和修复工作更好地"对症下药"。

（5）选用生土类建筑遗产加固与修复材料时，需综合考虑各方面的需求和影响，并进行充分的科学实验和评估。本研究中，天然水硬石灰、微米石灰和硅酸乙酯水解预聚物、桐油有机硅复合改性聚丙烯酸酯等材料对于生土类建筑遗产的加固与修复表现出了较优的性能和效果，具有良好的应用前景；桐油等传统生态材料也具有不可替代的优势和作用。

（6）需要经过大量的、科学的实验室实验及现场的试验性施工来确定适宜的生土类建筑保护技术和修复工艺。桐油生土改性技术作用显著；天然水硬石灰灌浆技术对于夯土墙体的裂缝修复和空鼓填充都有很好的效果；桐油-锅底灰传统材料标语修复工艺取得了良好的效果；硅酸乙酯水解预聚物-微米石灰固化技术能有效改善石灰表皮和革命标语表面的粉化状况；低聚物硅氧烷憎水剂处理后的小青瓦具有较好的防水和抗冻融能力。

（7）夯土墙体、石灰表皮、木构、革命标语和屋面是一个整体，保护时要同时考虑；修复后的维护与监测工作也不容忽视。

刘氏房祠的保护与修复的主体工程已完成，总体上来说，整个课题的进展非常顺利，却也存在一些遗憾。

本次示范工程采用的是将延续刘氏房祠原有功能与保护革命标语结合的多元合作的工程模式，这种模式在统筹资金、调动民众参与积极性、保证修复工程完整性等方面具有明显的优势和适用性，但是也会因为各方基本诉求的差异而产生不可避免的矛盾。本课题作为一项国家科研项目，重点在于研究井冈山地区"干打垒"建筑的生土墙体以及依附于其上的革命标语的保护技术，并建设以刘氏房祠为代表的生土类建筑与革命标语保护示范点，课题经费基本仅能满足建筑墙体和革命标语保护与修复施工的需求。然而刘氏房祠其他的构造单元（如屋面）的修复也是十分重要且必要的一项工作内容，因为年久失修的屋面已发生严重的渗漏现象，生土墙体和革命标语即使得到了修复，也会因失去屋面的良好保护而暴露于恶劣的自然环境中。在这种情况下，课题组对屋面的情况做了勘察研究和保护实验，提出了具体的遵循遗产保护原则的最优修复方案，并由上七村的刘氏族人自行筹措资金，寻找施工团队，合作完成示范点的建设工作。但是刘氏族人反映最优方案的成本过高，实施过程频频遭遇阻力，课题组只能在考虑族人的顾虑和建议后重新制定一个较为经济又切实可行的屋面修复方案，而在具体实施过程中，族人又根据自己的意愿和审美进行了调整，并未完全依照方案进行施工，这使得修复的效果与修复前有一定出入。但是，本次研究工作留取了丰富的图片及测绘资料，为将来可能的屋面恢复提供保障。

此外，还有一些先进的技术手段和措施因种种条件限制未能在工程中加以应用，实为遗憾。

井冈山地区还留存有大量与刘氏房祠同类的"干打垒"生土类红色物质资源，其中许多正处于亟待保护的状态。接下来的保护工作应该继续推广多元合作的工程模式和多学科交叉的研究模式，发动民众积极参与遗产保护，通过政府、科研机构和村民业主等多方的力量和建筑学、遗产保护学、材料学、化学等多学科的共同研究成果来确保该地区众多散落在乡间的生土类建筑遗产能够得到合理的保护和利用；同时还需继续对所用材料的耐久性进行评估和验证，并进一步地拓展研究，找到更多更适宜的修复技术、保护材料与工艺。相信随着该地区越来越多的生土类红色物质资源保护工程的实施，这方面的研究能够得到继续深化和完善。

参考文献

[1] 朱小理，胡松，杨宇光．"红色资源"概念的界定 [J]. 井冈山大学学报（社会科学版），2010，31（5）：16-20.

[2] 张泰城．红色资源是优质教育资源 [J]. 井冈山大学学报（社会科学版），2010，31（1）：14-18.

[3] 刘进喜．井冈山——中国革命的摇篮 [J]. 军事历史，1995（2）：41-44.

[4] 余伯流．井冈山精神再解读 [J]. 中国井冈山干部学院学报，2010（1）：39-44.

[5] 孟建柱．马克思主义中国化的伟大开篇——纪念井冈山革命根据地创建 80 周年 [J]. 求是，2007（14）：14-16.

[6] 李康平，李正兴．论红色资源在高校思想政治理论课中的运用 [J]. 教育学术月刊，2008（8）：44-46.

[7] 肖邮华．井冈山革命根据地旧居旧址集萃 [M]. 北京：中央文献出版社，2010.

[8] （晋）郭璞．尔雅图 [M]. 天津：天津古籍出版社，2008.

[9] 黄汉民．福建土楼——中国传统民居的瑰宝(修订本)[M]. 北京: 生活·读书·新知三联书店，2009.

[10] 李小洁，林金辉，万涛，等．一种新型土遗址加固材料的制备及加固效果评价 [J]. 成都理工大学学报（自科版），2006，33（3）：321-326.

[11] 欧秀花，张睿祥．土遗址防风化加固效果评价指标综述 [J]. 天水师范学院学报，2011，31（2）：45-48.

[12] 方小牛，匡仁云，冯桂龙，等．潮湿环境土遗址加固保护剂研究进展 [J]. 化工新型材料，2016，44（6）：10-12.

[13] 戴仕炳，王金华，胡源，等．天然水硬性石灰的历史及其在文物和历史建筑保护中的应用研究 [C]. 中国石灰工业技术交流与合作大会，2009.

[14] 崔源声．天然水硬性石灰水泥发展报告 [C].2013 中国水泥技术年会暨第十五届全国水泥技术交流大会论文集，2013.

[15] Struebel G. Kraus K. Kuhl O. Hydraulische Kalke fuer die Denkmalpflege [M]. IFS-Bericht，1998.

[16] 锐立文保材料中心：http：//www.rcicn.com/wenbaocl/281/

[17] Ghaffari E，Köberle T，Weber J. Methods of Polarising Microscopy and SEM to Assess the Performance of Nano-Lime Consolidants in Porous Solids [J]. 12th International Congress on the Deterioration and Conservation of Stone Columbia University，New York，2012.

[18] 余政炎，黄宏伟. 正硅酸乙酯的水解缩聚反应及其应用 [J]. 杭州化工，2009（1）：37-40.

[19] 黄宏伟. 正硅酸乙酯在涂料上的应用研究 [J]. 化工管理，2013（14）：234-235.

[20] 徐高飞，李丹，郭瑛，等. 疏水纳米二氧化硅石材防护涂料制备及表征 [J]. 涂料工业，2011，41（4）：1-3.

[21] 赵强，邱建辉，彭程. 硅酸酯低聚体在石材保护中的应用研究 [J]. 文物保护与考古科学，2007，19（3）：26-31.

[22] 张金风，闫晗，佘希寿，等. 硅酸钾和正硅酸乙酯在土遗址加固中作用的研究 [J]. 湖北工业大学学报，2011，26（5）：15-18.

[23] 戴仕炳. 德国多孔隙石质古迹化学增强保护新材料和新施工工艺 [J]. 文物保护与考古科学，2003，15（1）：61-63.

[24] Chiari G. Chemical Surface Treatments and Capping Techniques of Earthen Structures，a Long Term Evaluation[C]. In 6th International Conference on the Conservation of Earthen Architecture. New Mexico：Adobe 90 preprints，1990：267-273.

[25] 中国对外翻译出版公司，联合国教科文组织出版办公室. 文物保护中的适用技术 [M]. 北京：中国建筑工业出版社，1985.

[26] Hall K，Andre MF. New insights into rock weathering from highfrequeney rock temperature data，an Antarctic Study of weathering by thermal tress [J]. Geomorphology，2001，41（I）：23-35.

[27] 王赟. 硅丙乳液用于土遗址加固保护的研究及新配方 [J]. 四川建筑科学研究，

2011, 37（4）：227-229.

[28] 韩国强. 土遗址化学加固效果评价试验研究 [D]. 北京：中国地质大学（北京），2012, 50-52.

[29] 王贽，张波. 土遗址加固材料探讨 [J]. 工程抗震与加固改造，2009，31（4）：78-80.

[30] 陈陶静，赵景婵，蓝春波，等. 陕南桐油中脂肪酸组成的气质联用分析 [J]. 中国林副特产，2012（6）：13-15.

[31] Schonemann A, Frenzel W, Unger A, Kenndler E. An investigation of the fatty acid composition of new and aged Tung oil [J]. Studies in Conservation, 2006, 51（2）：99-110.

[32] 付梅轩，陈燕. 桐油中桐酸含量的气相色谱测定方法 [J]. 油脂科技，1985（1）：17-21.

[33] 王发松，尹智亮，谭志伟，等. 来凤金丝桐油的化学组成研究 [J]. 湖北民族学院学报（自然科学版）：2008（3）：291-293.

[34] 易绣光，方小牛. 桐油参与的 Diels-Alder 反应及其应用研究进展 [J]. 井冈山大学学报（自然科学版）：2014（6）：25-32.

[35] 魏国锋，方世强，李祖光，等. 桐油灰浆材料的物理性能与显微结构 [J]. 建筑材料学报，2013（3）：469-474.

[36] 赵鹏，李广燕，张云升. 桐油 – 石灰传统灰浆的性能与作用机理 [J]. 硅酸盐学报，2013，41（8）：1105-1110.

[37] Fang S Q, Zhang H, Zhang B J, Li G Q. A study of Tung-oil-lime putty-A traditional lime based mortar [J]. International Journal of Adhesion and Adhesives, 2014, 48：224-230.

[38] Li Min, Zhang Hu Yuan. Hydrophobicity and carbonation treatment of earthen monuments in humid weather condition [J]. Science China, Technological Sciences, 2012, 55（8）：2313-2320.

[39] 张虎元，李敏，朱世彬. 一种桐油处理潮湿土遗址方法：CN 102852234A[P]. 2013-01-02.

[40] 林廷松，唐晓武，应小丰. 经过桐油、糯米汁改性黏土的土工特性 [J]. 建筑

技术，2009（7）：631–632.

[41] 林捷 . 利用桐油、糯米汁改良土体环境土工特性的研究 [D]. 杭州：浙江大学，
    2008.

[42] 唐晓武，林廷松，罗雪，等 . 利用桐油和糯米汁改善黏土的强度及环境土工
    特性 [J]. 岩土工程学报，2007（9）：1324–1329.

[43] 陈佩杭，徐炯明，鬼塚克忠 . 桐油与石灰加固吉野里坟丘墓土的实验研究 [J].
    文物保护与考古科学，2009（4）：59–66.

[44] 同济大学历史建筑保护试验中心 . 金陵大报恩寺遗址本体保护实验研究报告
    [R]. 2014.

[45] 赵鹏，李广燕，张云升 . 桐油 – 石灰传统灰浆的性能与作用机理 [J]. 硅酸盐
    学报，2013（8）：1105–1110.

[46] 朱殿臣，刘爱林 . 寒旱地区传统地仗做法及油料改进应用技术研究 [J]. 中国
    科技成果，2015（14）：60–62.

[47] 周文晖，王丽琴 . 中国古代建筑油漆彩画地仗传统制作工艺及材料剖析 [J].
    西部考古，2009（4）：318–326.

[48] 郝晓赟 . 客家土楼中的象征文化浅析 [J]. 华中科技大学学报（城市科学版）.
    2004，21（4）：84–87.

[49] 陈佩杭，徐炯明，鬼塚克忠 . 桐油与石灰加固吉野里坟丘墓土的实验研究 [J].
    文物保护与考古科学，2009，21（4）：59–66.

[50] 吴晓铃 . 松潘古城墙城门洞进深比故宫还厚 [N]. 四川日报 . 2012–12–13.

[51] 赵金榜 . 21 世纪世界涂料技术的发展 [J]. 中国涂料，2001（3）：3，40–
    44.

[52] 王智和，丁鹤雁 . 涂料用含硅丙烯酸树脂的研究进展 [J]. 有机硅材料，
    2001，15（4）：29–33.

[53] 陈建莲，李中华 . 丙烯酸树脂改性的研究进展 [J]. 现代涂料与涂装，2009，
    12（3）：28–32.

[54] 万涛，林金辉，汪灵，等 . 一种有机硅改性丙烯酸酯微乳液土遗址表层保护
    材料的制备方法：CN 101289524[P]. 2008–10–22.

[55] 肖维兵，万涛，林金辉，等 . 有机硅 – 丙烯酸酯 – 环氧树脂杂化材料的合成

及性能 [J]. 石油化工，2006，35（10）：987-993.

[56] 林金辉，万淘，刘菁，等 . 一种潮湿环境土遗址表层保护材料的制备方法：
　　 CN 1840551[P]. 2006-10-04.

[57] 汪海港 . 潮湿环境土遗址的新型保护材料合成与初步评价 [D]. 合肥：中国科
　　 学技术大学，2009.

[58] 杨璐 . 常用有机高分子文物保护材料的光老化改性研究 [D]. 西安：西北大学，
　　 2006.

[59] 董欣欣，王丽琴 . 改性丙烯酸树脂在文物保护领域中的应用 [J]. 西部考古，
　　 2013（7）：389-394.

[60] 龚德才，何伟俊，张金萍，等 . 无地仗层彩绘保护技术研究 [J]. 文物保护与
　　 考古科学，2004，16（1）：29-32.

[61] 赵静，王丽琴，周文晖 . 唐墓彩绘文物的保护研究 [J]. 文物保护与考古科学，
　　 2008，20（2）：38-45.

[62] 贾京健，崔瑾，高峰 . 丙烯酸乳液型外墙涂料在故宫英华殿维修工程中的应
　　 用 [C]// 中国紫禁城学会 . 中国紫禁城学会论文集第八辑（下）. 北京：故宫
　　 出版社，2012.

[63] 赵胜杰，陈平，熊兵，等 . BS 保护土建筑遗址初探 [J]. 水利与建筑工程学报，
　　 2008，6（4）：127-129.

[64] 方小牛，冯桂龙，陈文通，等 . 一种生土建筑墙加固保护剂及其制备方法：
　　 CN104327659B[P]. 2017-04-05.

[65] 冯桂龙，方小牛，易绣光，等 . 一种土墙及所附灰浆层表面标语的加固保护
　　 剂及其制备方法：CN104497776B[P]. 2017-03-31.

[66] 张雯 . 土生土长——以夯土为核心的自然建造研究 [D]. 杭州：中国美术学院
　　 学报，2013：40-41.

[67] 金照怿，许美琪 . 电导式木材含水率测定仪的原理与应用 [J]. 木材工业，
　　 2000（1）：35-37.

[68] 张晓芳，李华，刘秀英，等 . 木材阻力仪检测技术的应用 [J]. 木材工业，
　　 2007，21（2）：41-43.

[69] 李华，刘秀英，陈允适，等 . 古建筑木结构的无损检测新技术 [J]. 木材工业，

2009（2）：37-39.

[70] 杨慧敏. 基于小波包能量距木材孔洞缺陷超声检测系统研究 [D]. 哈尔滨：东北林业大学，2012.

[71] 张松. 历史城市保护学导论 [M]. 上海：上海科学技术出版社，2001：242-243.

[72] 邹青. 关于建筑历史遗产保护"原真性原则"的理论探讨 [J]. 南方建筑，2008（2）：11-13.

[73] 四川省建筑科学研究院. 古建筑木结构维护与加固技术规范：GB50165-92[S]. 北京：中国建筑工业出版社，1993，34-35.

[74] 颜清阳，刘浩林. 苏区红色标语及其现实价值探析 [J]. 中国井冈山干部学院学报，2014（4）：44-49.

[75] 何小文. 井冈山红军标语现状和保护对策 [N]. 中国文物报，2011-7-29.

[76] 毛泽东. 毛泽东选集（第一卷）——井冈山的斗争 [C]. 北京：人民出版社，1961：76-77.

[77] 熊轶欣. 井冈山行洲标语群与红军政治宣传 [J]. 党史文苑，2011（12）：29-30.

[78] 井冈山革命根据地党史资料征集编研协作小组. 井冈山革命博物馆井冈山革命根据地（上）[M]. 北京：中共党史资料出版社，1987：13-15.

[79] 颜清阳. 井冈山革命根据地红色标语宣传及其历史作用 [J]. 中国井冈山干部学院学报，2011，4（3）：52-57.

[80] 江西省宁都县博物馆. 历史的足迹 [M]. 南昌：江西人民出版社，1988.

[81] 李最雄. 敦煌壁画中胶结材料老化初探 [J]. 敦煌研究，1990（3）：69-83.

[82] 盛芬玲，李最雄，樊再轩. 湿度是铅丹变色的主要因素 [J]. 敦煌研究，1990（4）：98-122.

[83] 唐玉民，孙儒涧. 壁画颜料变色原因及影响因素的研究 [C]// 敦煌研究院. 敦煌研究文集·石窟保护篇（上）. 兰州：甘肃民族出版社，1993：199-218.

[84] 郭宏，韩汝玢，赵静，等. 广西花山岩画颜料及其褪色病害的防治对策 [J]. 文物保护与考古科学，2005（4）：7-14.

[85] 郭宏，胡之德，李最雄. 微生物对壁画颜料的腐蚀与危害 [J]. 敦煌研究，

1996（3）：136-144.

[86] 于新瑞，张淑芬，杨锦宗 . 有机染料光褪色机理及主要原因 [J]. 感光科学与光化学，2000（3）：243-253.

[87] 戴仕炳，唐雅欣 . 一种定量测定无机非金属材料表面粉化方法：CN104807716A[P]. 2015-07-29.

附录 1　实验所用材料代号索引

NHL	天然水硬性石灰
NHL-i03	添加天然无机矿物微细粉料和助剂的天然水硬性石灰
CL	钙质石灰
NML	微米石灰
NML-010	石灰含量为 10g/L 的无水微米石灰
NML-500	石灰含量为 500g/L 的无水微米石灰
ES	硅酸乙酯
TO	生桐油
CTO	熟桐油
CA	水性丙烯酸
CS	松香改性丙烯酸乳液
CT	桐油改性丙烯酸乳液
WS	水性硅氧烷乳液憎水剂
RS	低聚物硅氧烷憎水剂
BS	水性有机硅憎水剂

附录2 刘氏房祠测绘图纸

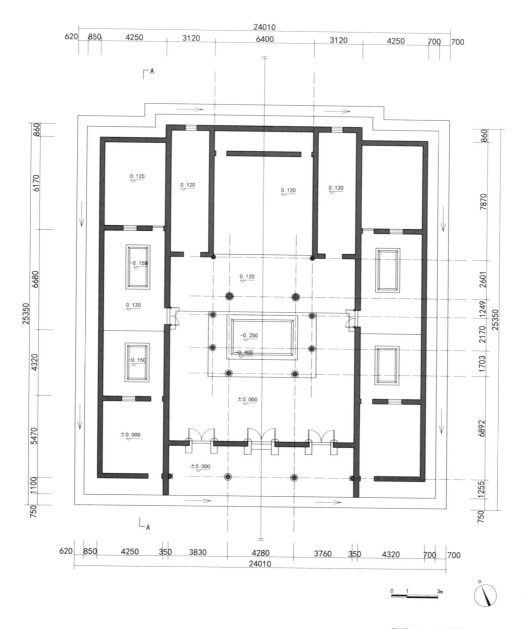

附图-1 刘氏房祠平面图

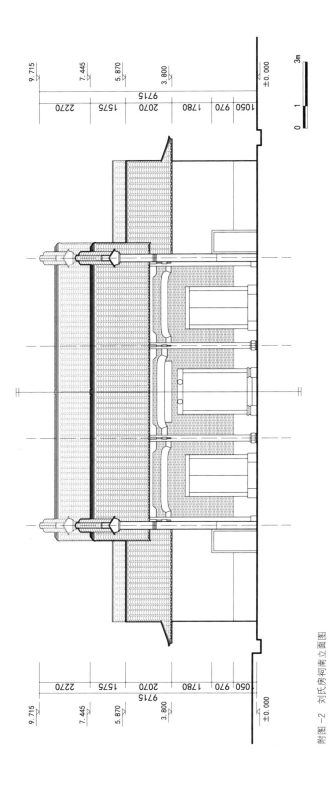

附图-2 刘氏房祠南立面图

134

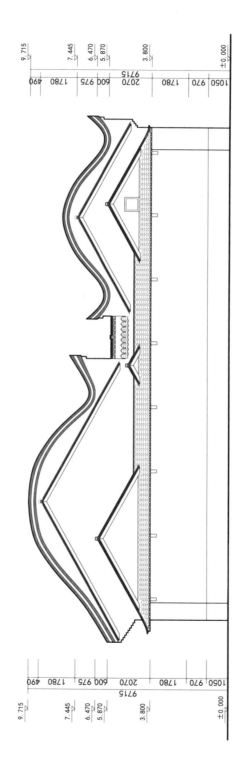

附图 -3 刘氏房祠西立面图

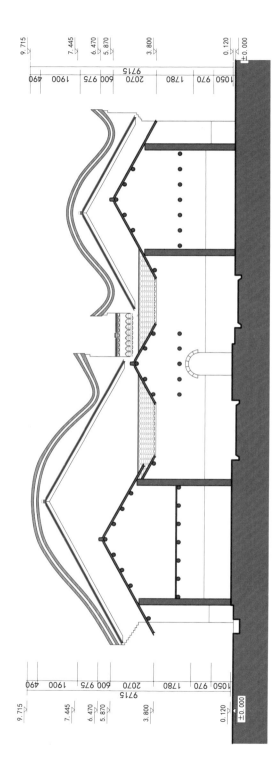

附图-4 刘氏房祠A-A剖面图

附录 3 《积善堂记》原文断句、注释与翻译

1 繁体原文断句

劉氏族譜

積善堂記

　　《易》曰：“積善之家，必有餘慶。”凡後嗣之寖熾寖昌者，莫非其先人之積功累仁也。事有必至，理有固然。窃嘗持此意以觀天下，能明其義者卒鮮，吾今於同邑上七劉氏得之焉。劉氏世有積德，代多善人，無煩殫述。明季，祖名奇祥者，居粵之和平，賢嗣五於國朝定鼎初，隸籍茲土，克開厥後。惟以陰行善事爲務，宜乎積之厚、流自長也，今其族子姓蕃衍幾千人矣。甲申歲，諸父老不忘祖德，闔議建祠，以妥先靈，以隆祀事。落成後，顏其堂曰“積善”，囑予爲文記之。予與劉氏，地則桑梓，誼則姻婭，所見所聞，誠甚悉也，請得因其命名而繹言之。其秀而文者，說禮敦詩，則士習善也。其樸而愿者，深耕易耨，則農務善也。其居肆者，執一藝以成名，其貿遷者，雖五尺而無欺，則工與商俱善也。凡夫人敦古處，俗尚淳厖，父兄子弟相勸勉以爲善者，蓋居然善氣之勳蒸焉。而要其族人之日遷善而莫知爲之者，莫非而其先人貽謀之善，後人繼述之善，所積累而成焉者也。將見長發其祥，善作者必能善成。祖名祥，堂曰善，《書》曰“作善降祥”，與《易》之所謂“積善餘慶”，其義可相通，其理豈或爽歟。至於堂之卜吉允臧，磅礴欝積，山川羨善，形家者善言之，予不復贅，是爲記。

　　旹

　　皇清道光二十二年攝提格涂月

　　恩進士庚子

　　恩科

　　欽賜舉人年姻教晚李耀金頓首拜譔

　　時年八十有三

2 简体原文注释

刘氏族谱

积善堂记

《易》曰："积善之家，必有余庆。"[1] 凡后嗣之寖[2]炽寖昌者，莫非其先人之积功累仁也。事有必至，理有固然。窃尝持此意以观天下，能明其义者卒鲜，吾今于同邑上七刘氏得之焉。刘氏世有积德，代多善人，无烦殚述。明季，祖名奇祥者，居粤之和平[3]，贤嗣[4]五于国朝[5]定鼎[6]初，隶籍兹土，克开厥后[7]，惟以阴行善事[8]为务，宜乎积之厚、流自长也，今其族子姓蕃衍几千人矣。甲申岁[9]，诸父老不忘祖德，阖[10]议建祠，以妥先灵，以隆祀事。落成后，颜其堂曰"积善"，嘱予为文记之，予与刘氏，地则桑梓，谊则姻娅，所见所闻，诚甚悉也。请得因其命名而绎言之，其秀而文者，说礼敦诗，则士习善也。其朴而愿者，深耕易耨，则农务善也。其居肆者，执一艺以成名，其贸迁者，虽五尺而无欺，则工与商俱善也。凡夫人敦古处[11]、俗尚淳庞[12]、父兄子弟相劝勉以为善者，盖居然善气之熏蒸焉。而要其族人之日迁善而莫知为之者，莫非而其先人贻谋之善，后人继述之善，所积累而成焉者也，将见长发其祥。善作者必能善成，祖名"祥"，堂曰"善"，《书》曰"作善降祥[13]"，与《易》之所谓"积善余庆"，其义可相通，其理岂或爽欤。至于堂之卜吉[14]允臧[15]，磅礴郁积，山川美善，形家[16]者善言之，予不复赘，是为记。

时

皇清道光二十二年摄提格[17]涂月[18]

恩进士庚子

恩科

钦赐举人年姻教晚李耀金顿首拜撰

时年八十有三

1　出自《易经·坤卦》："积善之家，必有余庆；积不善之家，必有余殃。"

2　寖通"浸"，逐渐之义。

3　即今广东省河源市和平县。

4　贤良的后代。宋洪适《祭陈安抚父文》："季祀贤嗣，诗礼饱闻，拾芥巍科，飘声荣路。"明刘基《父永嘉郡公诰》："士有厚德而立报，虽不在其身，必有贤嗣而得时，足以大其后。"

5　当时的朝代，此指清朝。

6　鼎，古代的一种青铜炊具。定鼎，定国都。传说夏禹收九州之金，铸九鼎，为传国重器，王都所在即鼎之所在，故称定都为定鼎。后泛指建立王朝。

7　出自《诗·周颂·臣工之什·武》，指为后代开创了基业。原文"允文文王，克开厥后。"郑玄笺："信有文德哉，文王也，能开其子孙之基绪。"

8　不为人知的善行。《淮南子·人间训》："夫有阴德者，必有阳报；有阴行者，必有昭名。"

9　此处应为公元1824年。中国传统纪年农历的干支纪年中一个循环的第21年称"甲申年"。自当年立春起至次年立春止的岁次内均为"甲申年"。

10　阖，全、总共之义。

11　古处，谓以故旧之道相处。古，通"故"。《诗·邶风·日月》："乃如之人兮，逝不古处。"郑玄笺："其所以接及我者不以故处，甚违其初时。"马瑞辰通释："古者，故之渻借，凡以故旧相处谓之故，故之言固也。"或以为以古道相处。朱熹集传："或云，以古道相处。"

12　淳庬，亦作"湻庬"，犹淳厚。宋文天祥《跋〈刘父老季文画像〉》："予观其田里淳庬之状，山林朴茂之气，得寿於世，非口偶然。"明高攀龙《〈愿得集〉序》："读兹集者，观其湻庬敦朴之意，可以知其源与根矣。"清曹寅《咏桐君木枕》："何甘糟粕羣容与，自近淳庬益醒然。"

13　作善降祥，谓行善可获天佑。语出《书·伊训》："作善降之百祥。"

14　卜吉，占问选择吉利的婚期或风水好的葬地等。

15　允臧，确实好，完善。《诗·鄘风·定之方中》："卜云其吉，终然允臧。"孔传："允，信；臧，善也。"

16　形家，旧时以相度地形吉凶，为人选择宅基、墓地为业的人，也称堪舆家。

17　摄提格，相当于干支纪年法中的寅年。《尔雅·释天》："太阴在寅曰摄提格。"《史记·天官书》："摄提者，直斗杓所指，以建时节，故曰'摄提格'。"

18　涂月，农历十二月的别称。《尔雅·释天》："十二月为涂。"

3 翻译

《周易》曰："积善之家，必有余庆。"但凡后代子嗣逐渐兴旺昌盛，无一不是因为祖先积累了功德仁义。事情的道理，本来即是如此。我曾用此观点来观察天下，能知晓其涵义的人却很少，现在我发现同乡上七村刘氏是这样的人。

刘氏世世代代积德行善，并不需一一详说。明朝末年，刘氏的祖先，名叫"奇祥"，居住在广东和平，他的五个贤良的儿子在本朝建立之初，户籍落在此地，此后繁衍后代，以做不被人知的好事为要务，积德深厚，子嗣绵长，真是理所应当啊，现在刘氏宗族子孙繁衍将近一千人了。

甲申年（公元 1824 年），族中长老不忘记祖先懿德，共同倡议修建宗祠，用来安置祖先灵位，举行隆重祭祀。宗祠落成后，命名为"积善堂"，嘱托我作文纪念。我与刘家，论地域是同乡，论情谊是姻亲，关于刘氏的事情，我的见闻实在很详尽，请允许我通过宗祠命名一事来阐发。

优秀而有文采的人，学礼颂诗，学习经典，那么士风就兴盛。质朴而老实的人，深耕土地，勤除杂草，那么农活就兴盛。住在市场里的人，精通一门手艺可以出名，往来经商的人，即便儿童也不欺骗，那么手工业与商业就兴盛。倘若人人遵守故道，风俗崇尚醇厚，父兄子弟彼此鼓励做善事，那么良善的风气就兴盛发扬。

刘氏族人平日行善，潜移默化却不知道，（刘氏一族的兴旺）难道不是因为祖先善于谋划，后人善于继承，世世代代积累而形成的吗？我将看到刘氏长久地祥和，行好事必得善果。刘氏祖先名"祥"，刘氏祠堂名"善"，《尚书》所说的"作善降祥"，与《周易》所说的"积善余庆"，两者涵义相通，道理岂会错呢？

至于祠堂选址，如何占卜得吉，气势宏伟，山川衬托，这是堪舆家善于说明的，我不再多说，是为记。

时
清朝道光二十二年农历壬寅年十二月

恩进士庚子
恩科
钦赐举人、刘氏姻亲、晚辈李耀金叩首恭敬地撰写
时年八十三岁

附录 4 刘氏房祠保护修缮前、后图片集

1 保护修缮之前刘氏房祠的状态

附图 -5 保护修缮之前刘氏房祠匾牌

附图 -6 保护修缮之前全景图 1

附图 -7 保护修缮之前全景图 2

附图 -8 保护修缮之前全景图 3

附图 -9 保护修缮之前右侧正面图 1

附图 -10 保护修缮之前右侧正面图 2

附图 -11 保护修缮之前左侧正面图 1　　　　附图 -12 保护修缮之前左侧正面图 2

附图 -13 保护修缮之前西立面图 1　　　　附图 -14 保护修缮之前西立面图 2

附图 -15 保护修缮之前东立面图 1　　　　附图 -16 保护修缮之前东立面图 2

附图 -17　保护修缮之前大堂全貌图

附图 -18　保护修缮之前的积善堂

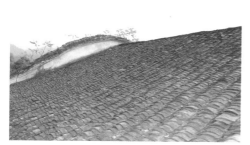

附图 -19　保护修缮之前的屋顶瓦 1

附图 -20　保护修缮之前的屋顶瓦 2

附图 -21　保护修缮之前正面脱落的墙皮

附图 -22　保护修缮之前腐朽的木梁

附图 -23　保护修缮之前坍塌的东立面墙

附图 -24　保护修缮之前坍塌的东耳房

附图 -25　保护修缮之前屋内蝙蝠成群

附图 -26　潮湿发霉生绿苔的地面

附图 -27　保护修缮之前标语的破损图 1

附图 -28　保护修缮之前标语的破损图 2

附图 -29 保护修缮之前标语的破损图 3

附图 -30 保护修缮之前标语的破损图 4

附图 -31 保护修缮之前标语的破损图 5

附图 -32 保护修缮之前标语的破损图 6

2 保护修缮中刘氏房祠的状态

附图 -33 保护修缮协议（2013-01-10）

附图 -34 保护修缮课题组团队主要成员

附图 -35 墙面修复中的滴注灌浆过程 1

附图 -36 墙面修复中的滴注灌浆过程 2

附图 -37 刘氏房祠门洞的修复

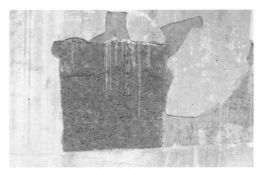

附图 -38 刘氏房祠窗洞口的修复

附图 -39　刘氏房祠墙面裂缝修复 1

附图 -40　刘氏房祠墙面裂缝修复 2

附图 -41　无损检测木柱内部病变

附图 -42　刘氏房祠红军标语修复现场 1

附图 -43　刘氏房祠红军标语修复现场 2

附图 -44　刘氏房祠红军标语修复现场 3

附图 -45　刘氏房祠红军标语修复现场 4

附图 -46　刘氏房祠红军标语修复现场 5

附图 -47　刘氏房祠红军标语修复现场 6

附图 -48　刘氏房祠保护效果监测 1

附图 -49　刘氏房祠保护效果监测 2

附图 -50　刘氏房祠保护效果监测 3

附图 -51　刘氏房祠保护效果监测 4

附图 -52　修复中的刘氏房祠

3 保护修缮之后刘氏房祠的状态

附图 -53 保护修缮后的刘氏房祠全貌

附图 -54 保护修缮后的刘氏房祠正面

附图-55　保护修缮后的刘氏房祠西南角

附图-56　保护修缮后的刘氏房祠西南正面

附图 -57　保护修缮后的刘氏房祠东南正面

附图 -58　保护修缮后的刘氏房祠东面

附图 -59　专家考察刘氏房祠的保护效果

附图 -60　干部、群众的满意与认可

附图 -61　修复后的刘氏房祠示范点西南面（2014-06-21，罗卫国摄）

附图 -62　修复后的刘氏房祠示范点东面（2014-06-21，罗卫国摄）

附图 -63 修复后的刘氏房祠示范点全貌（2014-06-21，罗卫国摄）

后　记

　　本课题示范点的建设和相关研究工作是在科技部大力支持和众多业界专家同行指导下完成的。参加研究工作的主要单位有井冈山大学和同济大学，参加示范点规划和建设工作除同济大学和井冈山大学外，还有井冈山国家级自然保护区管理局、井冈山革命博物馆、井冈山市下七乡上七村黄泥村民小组及刘氏族人等。同济大学历史建筑保护实验中心、上海德赛堡建筑材料有限公司等也参与了部分研发工作。参加本课题工作的相关研究人员主要有：井冈山大学张泰城、方小牛、刘利民、陈文通、冯桂龙、易绣光、肖发生、赵红霞、何德勇、匡仁云、陈海辉、袁昕、王展光、曾会应；同济大学戴仕炳、唐雅欣、陈琳、格桑（Gesa Schwantes）、张鹏、陆地、汤众、李晓、钟燕；上海德赛堡建筑材料有限公司李磊、胡战勇、张德兵、周月娥、居发玲等也参与部分工作。在课题示范点的规划和建设过程中，井冈山革命博物馆的领导，特别是肖邮华馆长、罗卫国副馆长、周见美主任、李归宁主任等相关领导给予全程关注和支持，附录三《积善堂记》原文断句、注释与翻译由复旦大学中国古代文学研究中心硕士研究生肖银杉先生完成，在此一并表示感谢！

　　在示范点的共建过程中，自始至终都得到刘氏族人的大力配合，特别是刘氏家族宗祠维修项目负责人刘绪锋同志的大力支持和帮助，再次表示衷心的感谢！

　　在书稿的写作过程中，同济大学伍江教授和井冈山革命博物馆肖邮华馆长对本书提出了非常宝贵的建设性建议，并在百忙中为本书作序。同济大学出版社特别是江岱女士，为本书的出版策划也提出了宝贵意见，在此表示深深感谢！

　　本书尝试忠实记录课题期间完成的研究工作及取得的初步成果，由于作者水平所限，加上时间仓促，书中可能还有一些错误和不当之处，恳请广大读者批评指正。

方小牛　唐雅欣　陈　琳　戴仕炳
2017 年 3 月